到了派對開始的時候……

誰 我的蛋糕？

顯微鏡用法

1 扭動轉盤，令最短的物鏡對着載物台的圓洞。

這樣可避免樣本膠片撞到物鏡，也方便從最低的放大率開始觀察。

2 將樣本膠片裝在載物台上，用夾固定。

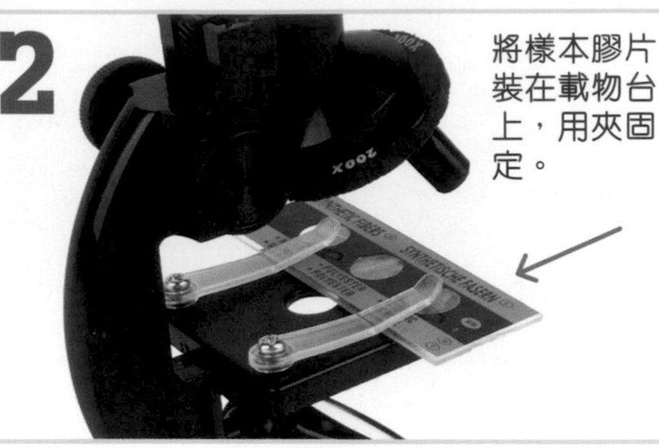

甚麼都看不到啊。

3 將顯微鏡置於光線充足的地方（例如有陽光的窗邊）。

然後一邊望向目鏡，一邊調節反射鏡的角度。

若光線仍不足，也可用電筒作為光源。如樣本是不透明的，則要用光源直射樣本。

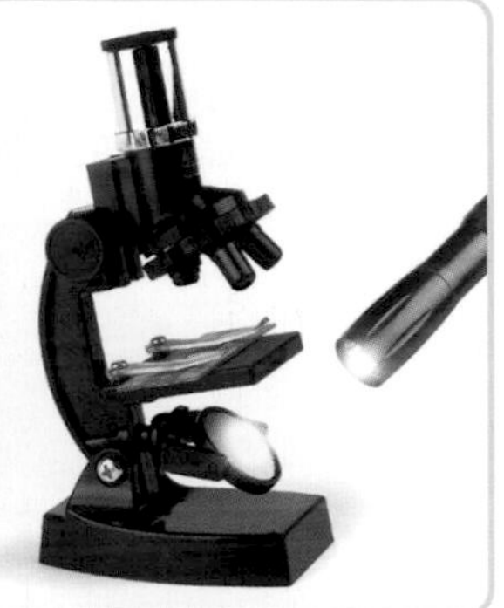

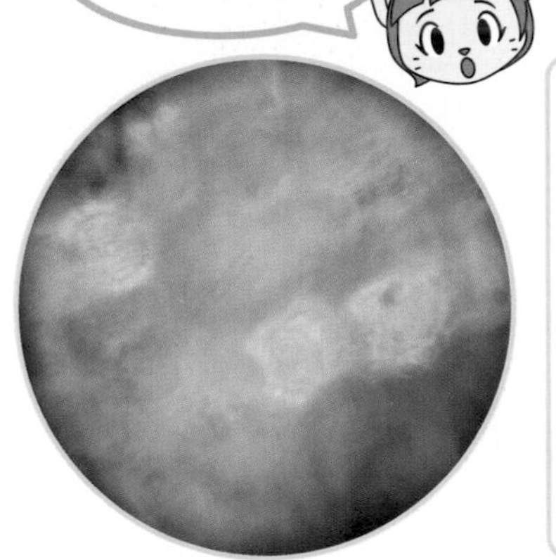

終於看到了，可是很模糊啊。

因為還未對焦。

4

緩慢地扭動調節輪來對焦，直至影像變得清晰。

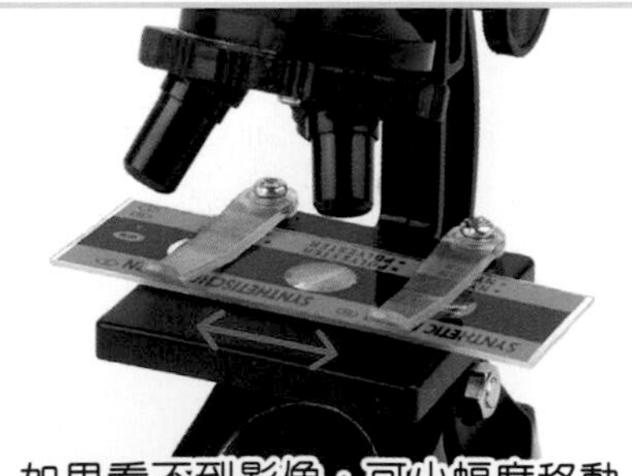

如果看不到影像，可小幅度移動膠片。

◀只要觀察膠片上的英文字，便很易發現這個現象。由於影像是顛倒的，所以影像和膠片的移動方向也是相反的。

影像放大與顛倒的過程

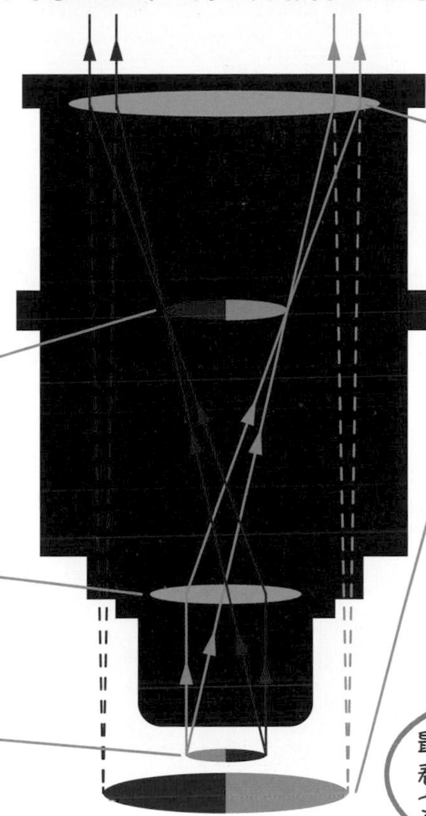

纖維大搜查

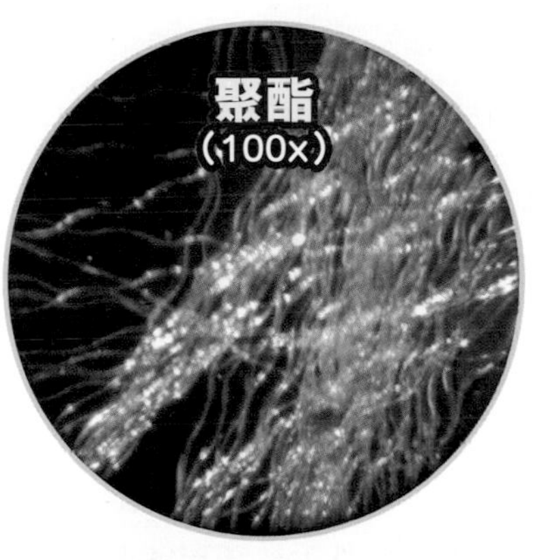

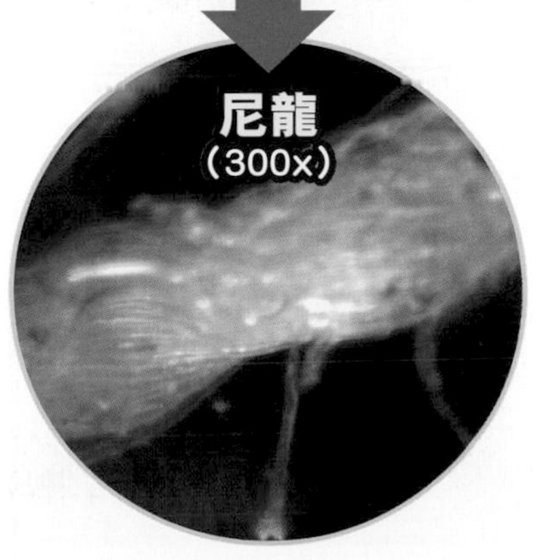

◀用 100 倍的物鏡看到影像後，再扭動轉盤換成更高放大率的物鏡，然後重新對焦，即可看到尼龍繩由多條尼龍纖維組成。

◀從蛋糕盒上發現的纖維。

我們的衣服都是用天然纖維製成的，那就自製樣本來比對！

自製樣本

1 剪一張 7cm x 3cm 的長方形紙，中間界開一個 2cm x 1.5cm 的洞，並貼上一張膠紙。

2 翻轉長方形紙，在膠紙上放置纖維樣本，然後以另一張膠紙覆蓋。

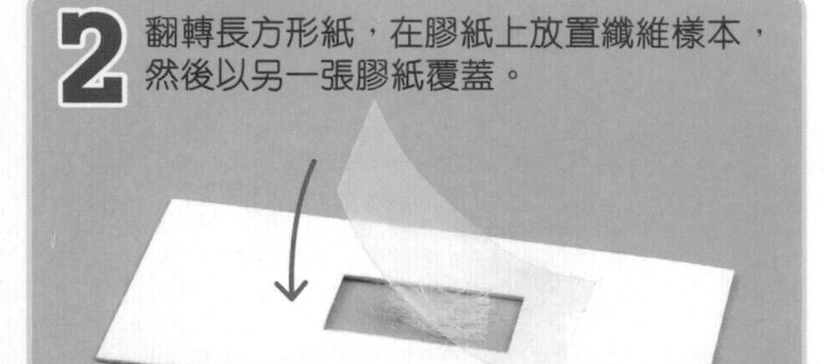

看起來比其他纖維都粗糙，不像是蛋糕盒上的纖維啊。

麻
(100x)

羊毛纖維比麻略幼一點，同樣也不太光滑。

水生植物樣本

ALGAE ALGE
• LAVER • LILA SEETANG
• GREEN SEAWEED • GRÜNER SEETANG
• KELP • GROß SEETANG

先由你開始，怎麼你身上有這麼多水生植物？

我剛跳進海裏游泳啊。

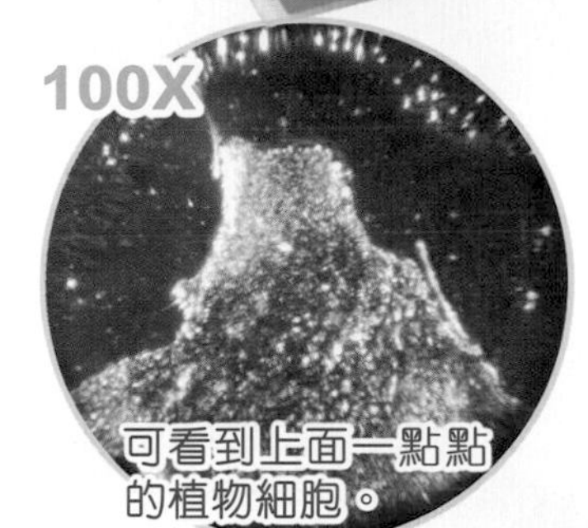

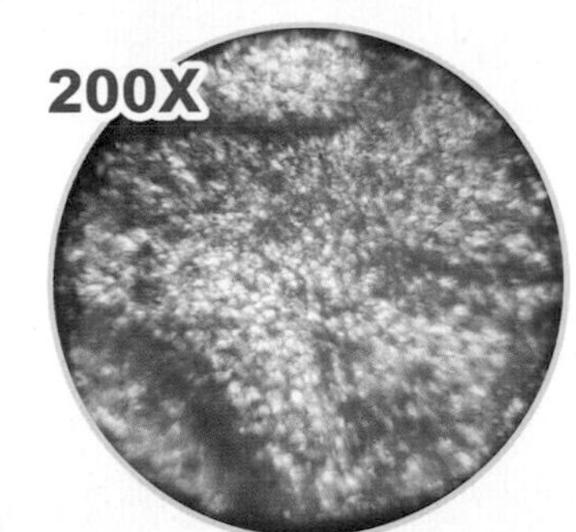

海苔

海藻

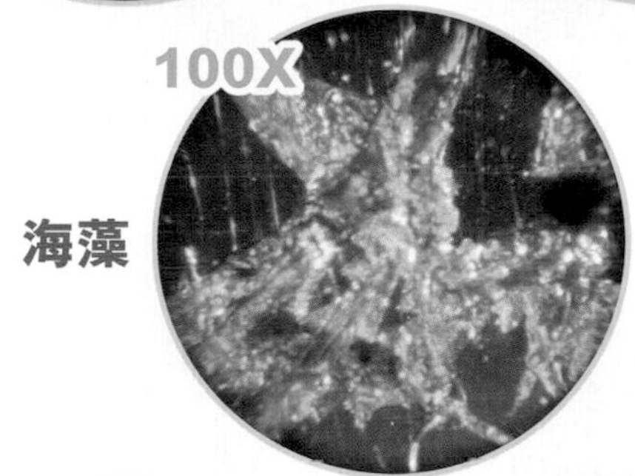

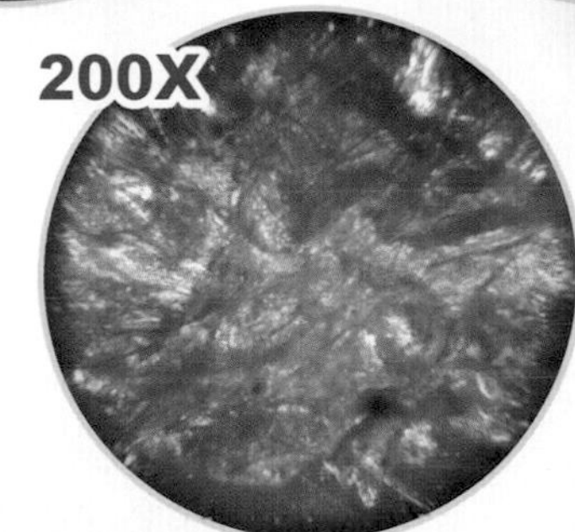

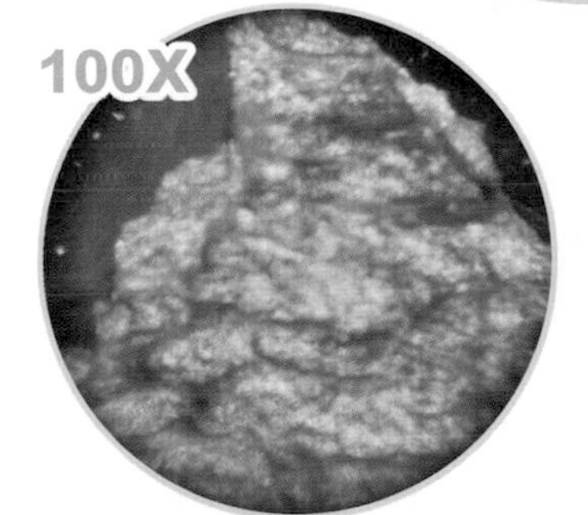

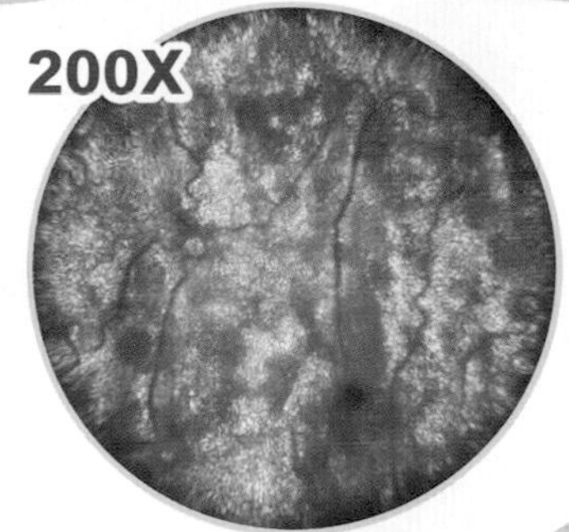

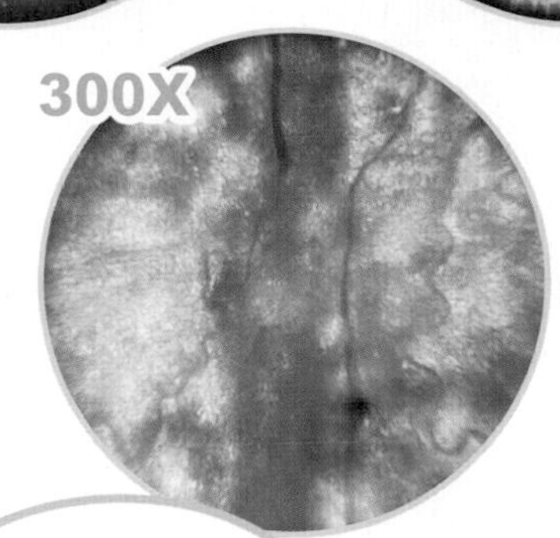

海草

自備食物樣本

再看看蛋糕盒上有沒有海草之類的殘餘物。

1 先從透明文件夾剪下一張 7cm x 3cm 的長方形膠片。

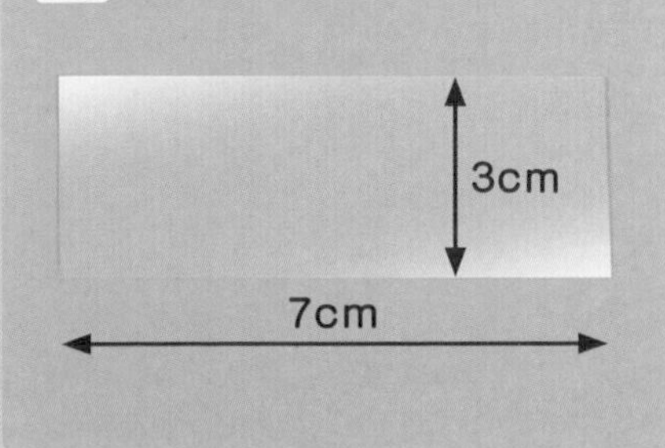

2 放上薄片狀的樣本並加 2 至 3 滴水，再從透明文件夾剪出一塊 2cm x 2cm 的正方形膠片，再壓在樣本上。

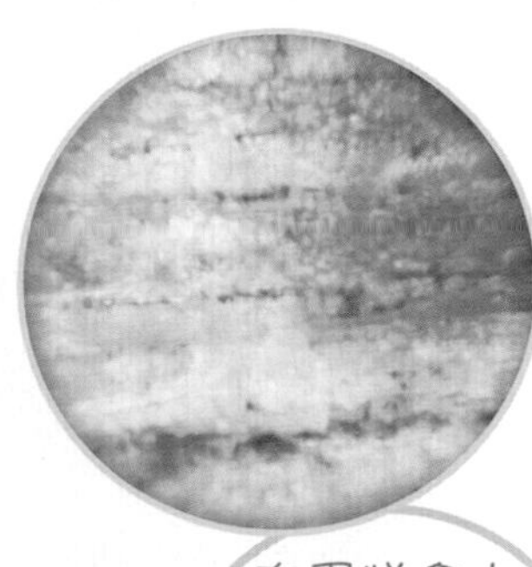

在蛋糕盒上找到一些不像海草的東西。到底是甚麼？

結果，在小兔子「監督」下，李大猩被罰去買全倫敦最貴的蛋糕。

微小世界展覽廳

第一部複式顯微鏡在 1590 年至 1610 年間問世，一般認為是由荷蘭人享．珍遜（Hans Martens Janssen）及沙加洛．珍遜（Zacharias Janssen）兩父子發明。只是，那部顯微鏡的放大率只有 3 至 9 倍，並未廣泛用於研究。

◀複式顯微鏡又稱為光學顯微鏡，即是用 2 塊透鏡來折射可見光，從而放大物件。圖為珍遜父子發明的複式顯微鏡重構品。

到了 1655 年，羅伯特．虎克（Robert Hooke）改良複式顯微鏡，以觀察跳蚤、軟木、蝨等，並將觀察結果畫下來，結集成《顯微圖譜》（*Micrographia*）。書中首次提出「細胞」一詞。

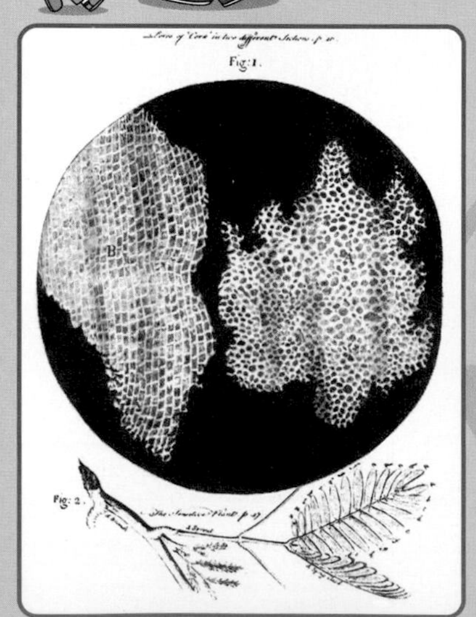

▲這張就是虎克根據觀察軟木塞的結果所畫的木質細胞圖，可見植物細胞十分工整。

1935 年，科學家首次用電子顯微鏡直接觀察到病毒。此前，雖然人們推斷到病毒存在，但從未看過其樣子。

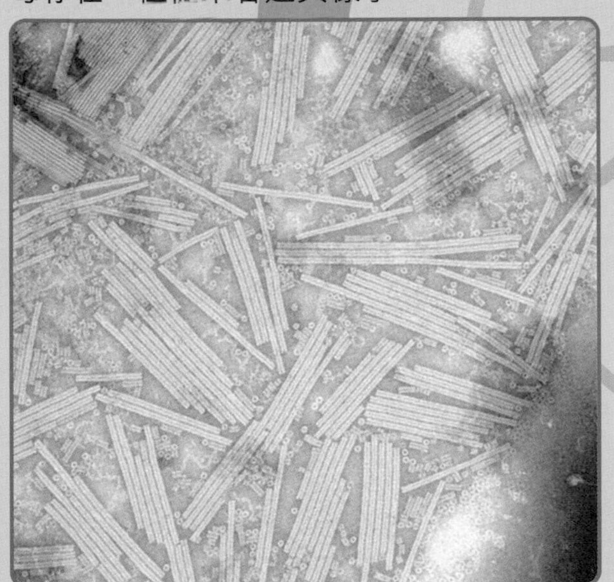

▲煙草花葉病毒就是科學家首次用顯微鏡看見的病毒。

在兩款顯微鏡都問世後，不少流行病致病原的真正模樣相繼被發現。

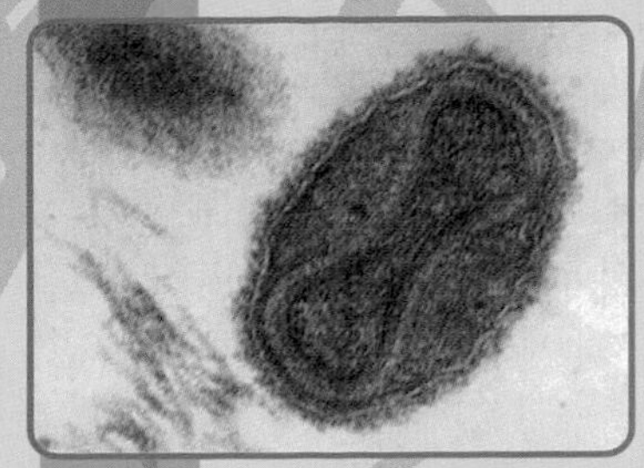

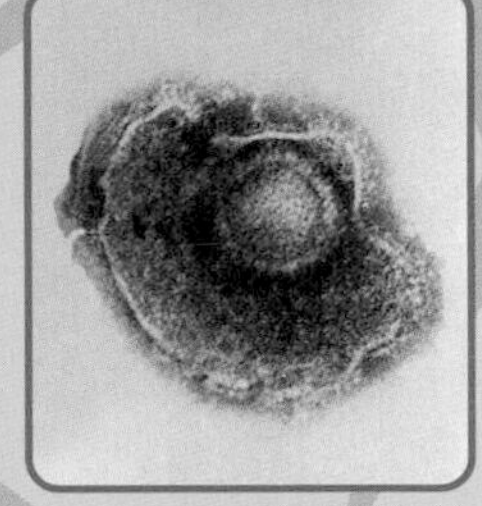

▲水痘病毒（左）及天花病毒（右）。

▼乙型肝炎病毒。

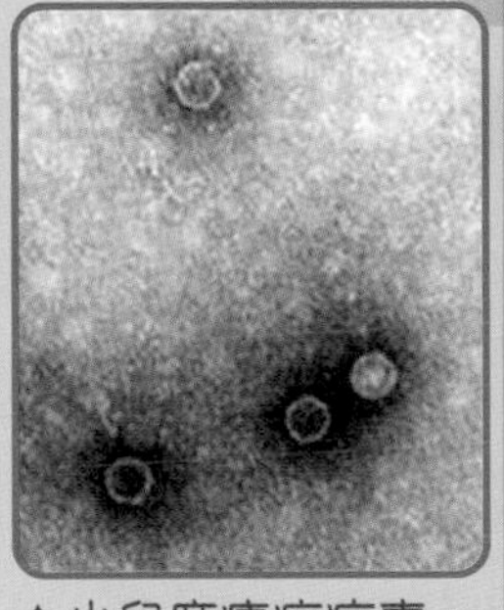

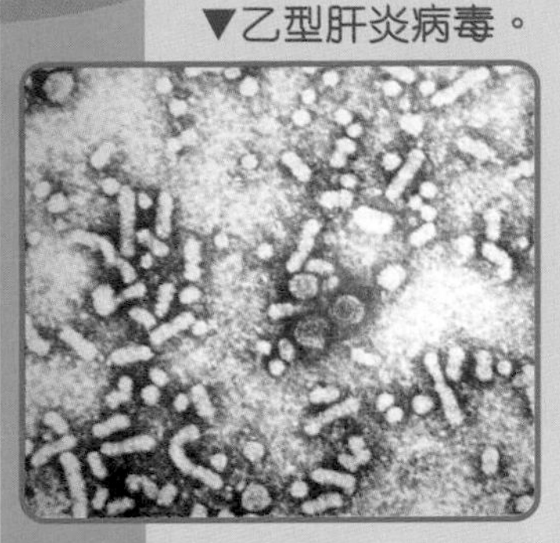

▲小兒麻痺症病毒。

1933 年，德國的恩斯特·魯斯卡（Ernst Ruska）發明了第一部電子顯微鏡。

▶電子顯微鏡並不利用可見光，而是用電子束照射物件，從而形成該物件的影像。它只能產生黑白影像，但其放大率遠比複式顯微鏡高。

Photo by J Brew/CC BY-SA 3.0

1986 年，更先進的電子顯微鏡令科學家首次看見原子在固體中的模樣。

▶顯微鏡下的鋁原子。

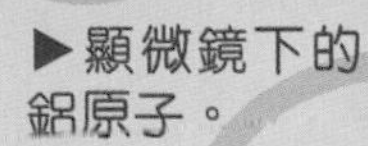

1674 年，安東尼·范·列文虎克（Antonie van Leeuwenhoek）製造出放大率達 270 倍的顯微鏡，並首次觀察到紅血球、原生動物、精子及細菌。*

* 有關列文虎克的生平，請參閱今期的「誰改變了世界」。

禿鷲（Griffon Vulture，學名：*Gyps fulvus*），是鷹科大型的猛禽，身長可達 1.2 米，體重可達 11 公斤。牠們的翅膀很寬，翼展可達 2.8 米。

禿鷲是大自然的清道夫，主要吃動物屍體為生，很少襲擊健康的生物，偶爾才捕捉生病或受傷的動物。牠們有腐蝕性強的胃酸，可有效殺滅吃下的屍體所帶有的細菌，所以不易生病。

禿鷲屬於舊大陸禿鷲家族，身上的深褐色羽毛是此家族的典型特徵，頭部有白色絨毛，喙部呈黃色，尾羽短少。牠們的視力甚佳，喜歡在山區的峭壁上繁殖棲息，主要吃腐肉為生，分佈在亞洲、歐洲和非洲，壽命估計可達 15 歲。

▲禿鷲頸後的羽毛稀少，方便吃動物屍體時，血不會黏在頭頸的羽毛上，並以曬太陽消毒受污染的皮膚。

想跟海豚哥哥一起考察海豚，
請瀏覽以下網址：eco.org.hk/mrdolphintrip

收看精彩片段，
請訂閱Youtube頻道：
「海豚哥哥」
https://bit.ly/3eOOGlb

海豚哥哥 Thomas Tue

海豚哥哥簡介

自小喜愛大自然，於加拿大成長，曾穿越洛磯山脈深入岩洞和北極探險。從事環保教育超過20年，現任環保生態協會總幹事，致力保護中華白海豚，以提高自然保育意識為己任。

世上竟有用嘴站立的鳥兒？平衡鳥不僅能以嘴巴支撐整個身體，更能在搖擺後自動取得平衡。到底牠是怎樣做到的？

製作時間：30 分鐘

製作難度：★☆☆☆☆

我也想像牠那麼厲害呢！

嘟一嘟在正文社 YouTube 頻道搜尋「#208DIY」觀看製作過程！

周遊四方的平衡鳥

平衡鳥在很多地方都能找到立「喙」之處！

手指頭上

鉛筆頭上

書本邊緣上

製作方法

⚠請在家長陪同下使用利器。

工具：剪刀、膠水、膠紙　　　　材料：紙樣、A4 硬卡紙 1 張、萬字夾 2 枚

1 剪下鳥身紙樣，按虛線對摺。另外剪下頭頂羽毛紙樣。

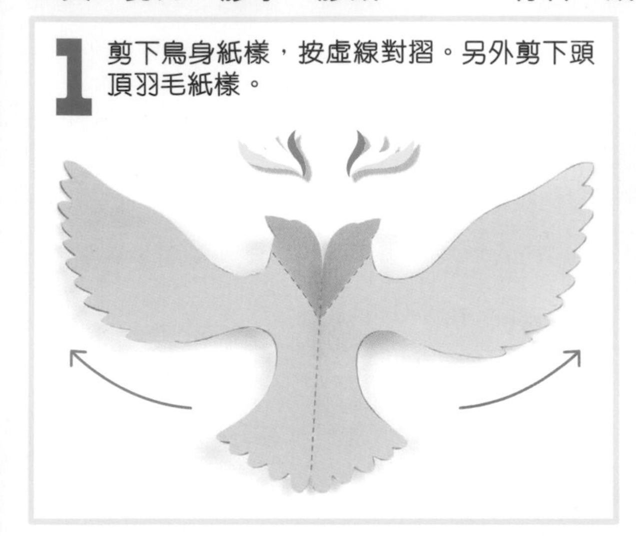

2 將紙樣貼在硬卡紙上再剪出來。

3 將鳥身對摺，並用膠水黏合頭部和頭頂羽毛。

4 調整鳥身弧度。

5 將 2 枚萬字夾貼到翅膀上。萬字夾的位置會影響平衡效果，須自行調節。

即使以外力使平衡鳥搖擺，它仍能恢復平衡！

平衡鳥真的是屹立不倒嗎？

改變平衡鳥翅膀上的物件配搭，測試其平衡效果！

例子一

例子二

例子三

平衡鳥原理大揭秘 —— 重心

平衡鳥的雙翼末端比嘴尖低，而且翅膀上加了額外重量。這使鳥兒全身的重量平均分佈在鳥嘴四周。

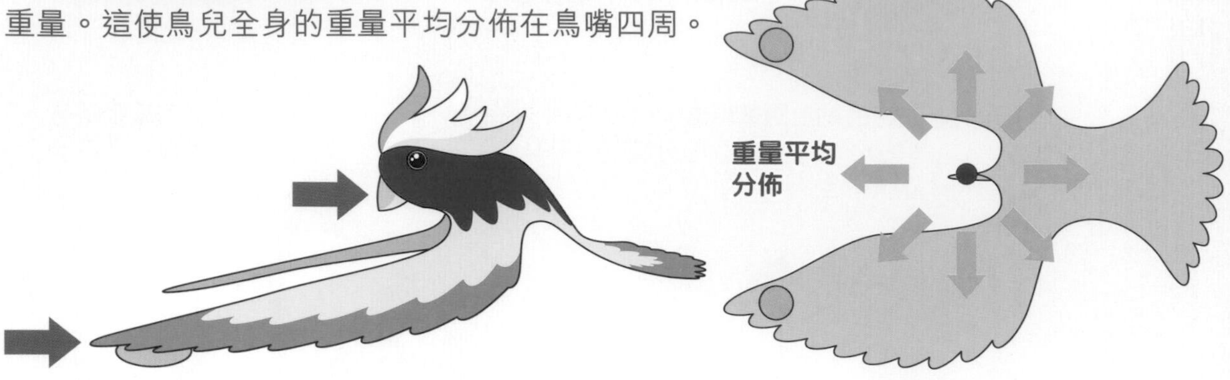

因此，平衡鳥的重心（物體重量分佈的中心點）位於鳥嘴之下，同時與嘴尖保持垂直。所以平衡鳥就能以嘴尖為支點（支撐點），立在平面上。

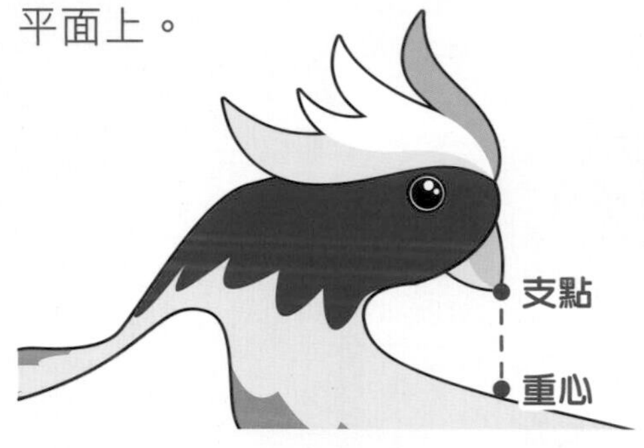

當平衡鳥的重量分佈改變時，重心會隨之而改變位置，向重量較大的方向偏移，因此平衡鳥也會傾斜，直至重心回到支點正下方。

重心的應用

除了平衡鳥外，現實生活中還有很多事物都利用了重心的變化呢！

▼在搬運貨物時，將較輕的貨物疊在較重的貨物上面，就能將重心保持在較低位置，使貨物不會輕易翻側。

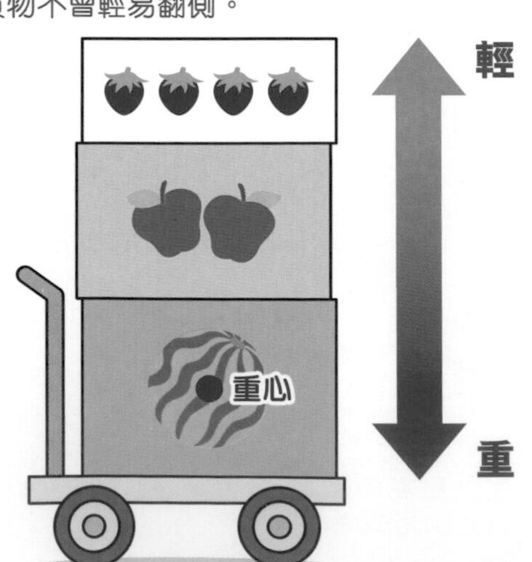

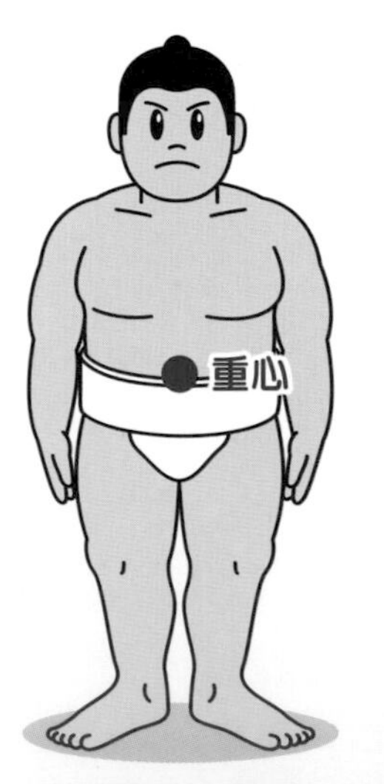

▲相撲手比賽時，也常常會蹲下來壓低身體，將身體重心保持在較低位置，令對手較難推倒自己。

紙樣

沿實線剪下

沿虛線向內摺

沿虛線向外摺

黏合處

頭頂羽毛

頭頂羽毛

鳥身

科學
實驗室
植物

好，先將幾個
馬鈴薯去皮……

咦？

這些馬鈴薯
怎麼都發芽了？
特薯調查

翌日……

怎樣才能防止
馬鈴薯發芽呢？
唔……
聽說跟蘋果
放在一起就
行了。
植物要光才能生長，
只要將馬鈴薯放在沒
光的地方就行了吧？
我上網查過，
要避免跟洋
蔥放在一起。

為甚麼發芽的馬鈴薯不能吃？

日常所吃的馬鈴薯其實是「塊莖」，它與根部都埋在地下，其功能是儲存水分和養分。

光暗與通風的影響

材料：馬鈴薯 ×4、容器 ×4、保鮮紙、錫紙

將 4 個馬鈴薯分別放入容器 A、B、C 和 D 內。

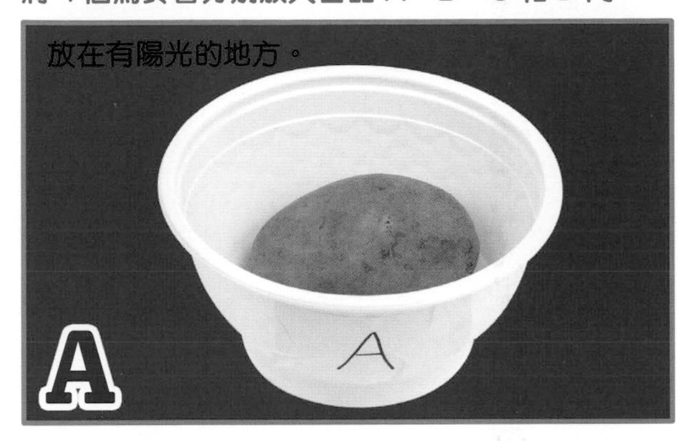

放在有陽光的地方。

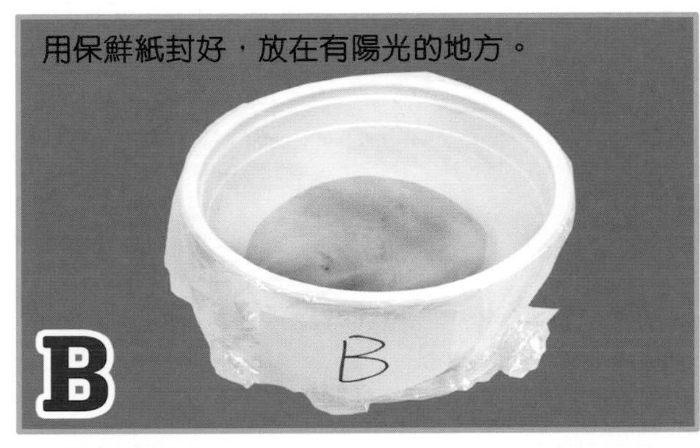

用保鮮紙封好，放在有陽光的地方。

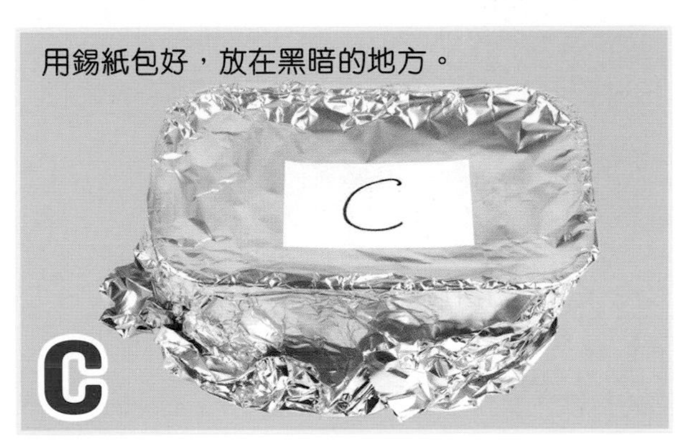

用錫紙包好，放在黑暗的地方。

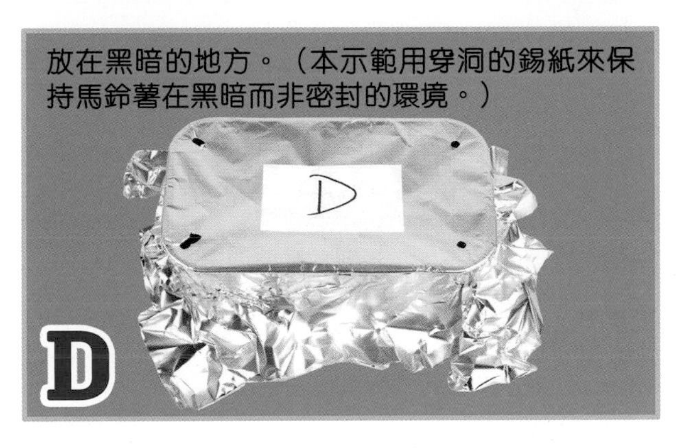

放在黑暗的地方。（本示範用穿洞的錫紙來保持馬鈴薯在黑暗而非密封的環境。）

放置 12 天後……

長出了少量細小的芽，那些芽呈綠色和黑色。

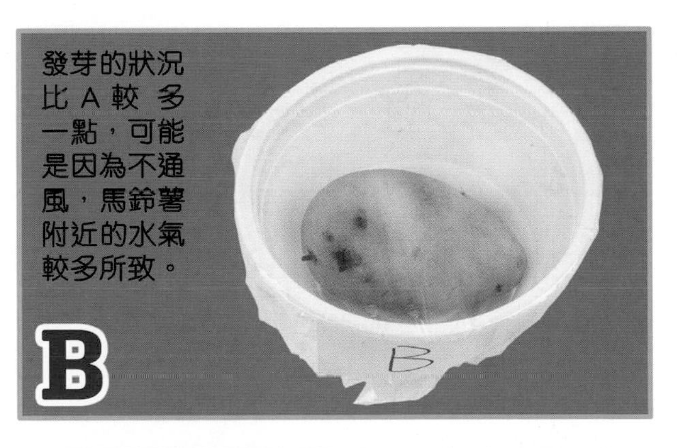

發芽的狀況比 A 較多一點，可能是因為不通風，馬鈴薯附近的水氣較多所致。

長出一些白色的芽，比 A 和 B 都略大一些。

同樣長出白色的芽。

蘋果洋蔥止發芽？

材料：馬鈴薯 ×4、蘋果 ×2-4、洋蔥 ×2、保鮮袋 ×4（也可使用其他容器）

将 1-2 個蘋果及 1 個馬鈴薯同時放在一個打開的保鮮袋內。

將 1-2 個蘋果及 1 個馬鈴薯同時放在一個保鮮袋內，並封好保鮮袋。

將 1 個洋蔥及 1 個馬鈴薯同時放在一個打開的保鮮袋內。

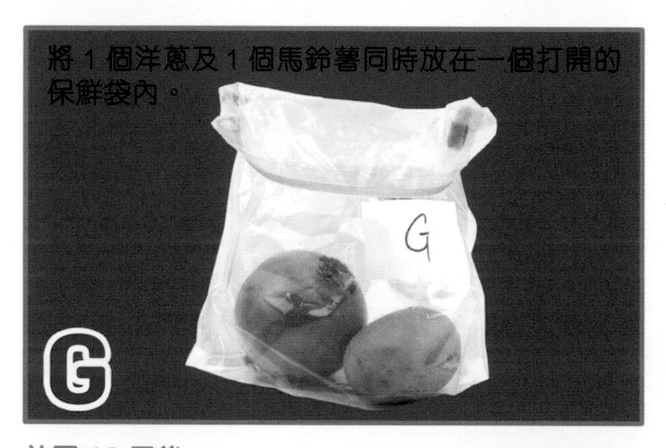

將 1 個洋蔥及 1 個馬鈴薯同時放在一個保鮮袋內，並封好保鮮袋。

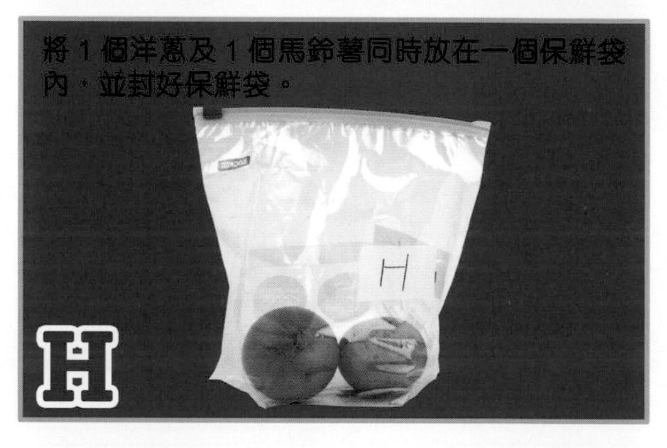

放置 12 天後……

只有少量的芽，但芽幾乎沒生長。蘋果似乎只有一點減慢發芽的功用。

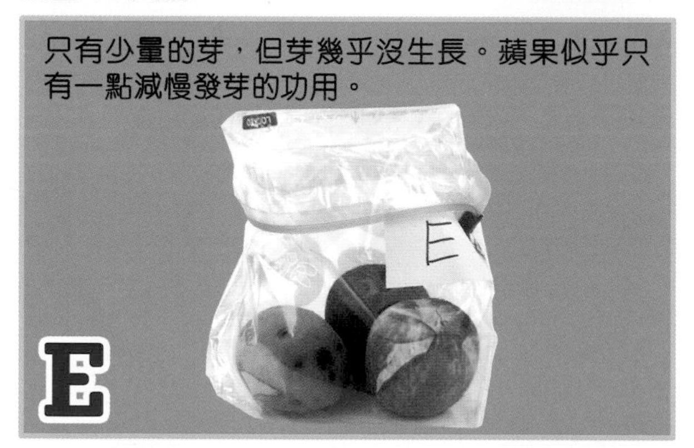

長出的芽比 E 的較大。這估計是保鮮袋發揮了保溫及保濕效果所致。

長出的芽大小跟 F 的差不多。

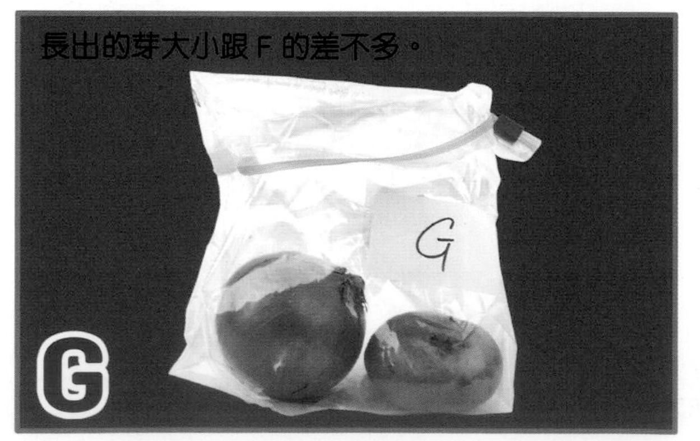

馬鈴薯上的芽比其餘 7 個馬鈴薯上的都要大！同樣可能是因為保鮮袋有保溫及保濕之效。

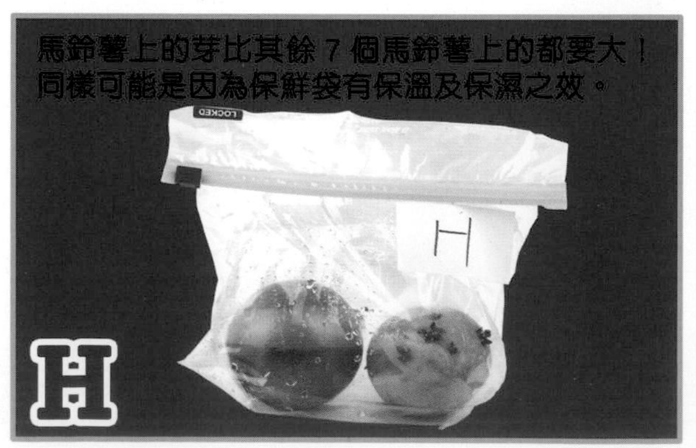

最終結果

從實驗可見，發芽是無法阻止的。

只是在陰涼乾爽的情況下，馬鈴薯芽的生長會慢些，所以馬鈴薯在買回來後就該盡快吃啊。

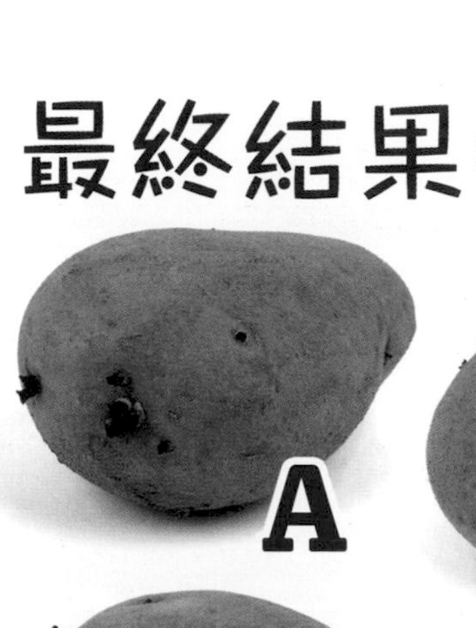

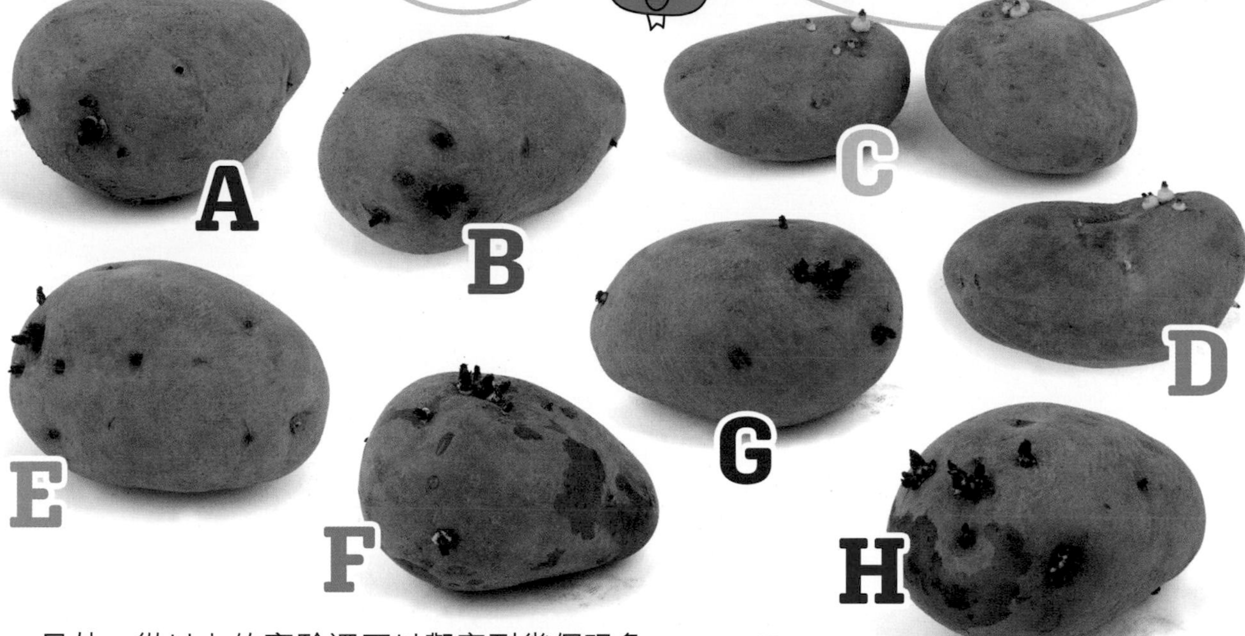

另外，從以上的實驗還可以觀察到幾個現象。

發芽的地方總是有些凹陷。

馬鈴薯表面看似普通，但那是具有結構的。當中有些叫「芽眼」的凹陷位置，芽只會從那裏長出。

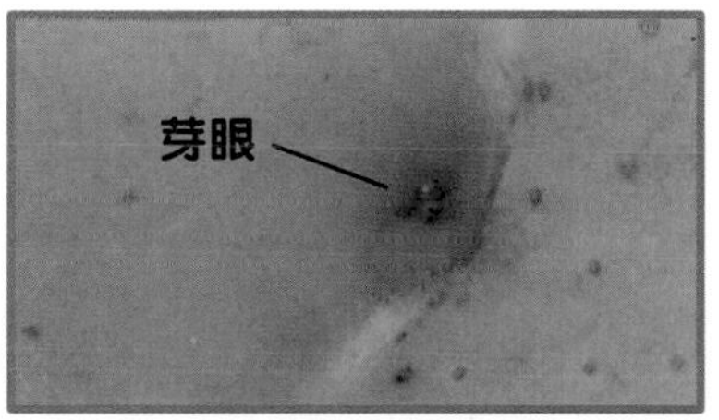

▲只要切開馬鈴薯，便隱約可見其髓質。（中間較深色的部分）

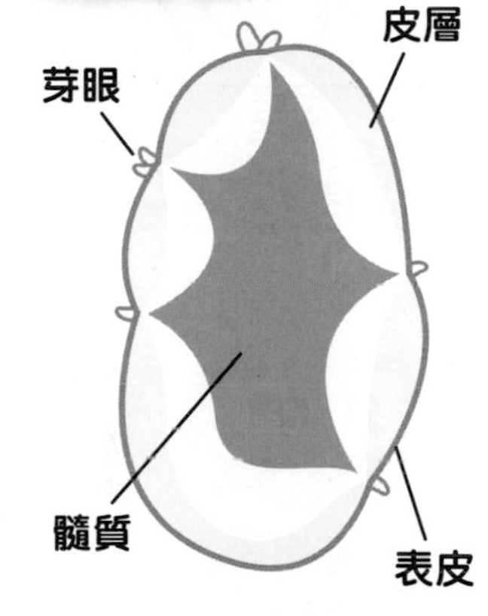

馬鈴薯的芽頭黑黑的，附近的皮好像也變綠了。

馬鈴薯在採收後，由農場運輸到零售點需時。為免馬鈴薯在途中發芽，人們一般用生長抑制劑處理，這可能就是馬鈴薯芽發黑的原因。而表皮變綠則表示有葉綠素生成，這時表皮的糖苷生物鹼也會變多。

馬鈴薯在黑暗中仍然發芽啊。

即使沒有光，馬鈴薯仍會長出白色的芽。那些芽沒有葉綠素，完全以馬鈴薯的碳水化合物作為養分。

馬鈴薯芽及皮都含有較多的糖苷生物鹼，因此吃馬鈴薯前，須將有芽的地方先除掉和削皮。如果馬鈴薯已變色，或是吃起來味苦，都應立即棄掉。

農場主的考驗

愛因獅子和居兔夫人到兒科農場參觀，熱衷於謎題的農場主人亞龜米德就趁機考考他們。

Q1 上鎖的雞舍

農場裏有 5 個上了鎖的雞舍。亞龜米德想解鎖雞舍，卻不小心把 5 把鑰匙弄亂了。每把鑰匙只能解開其中一個鎖，他最多要試多少次，才能成功配對全部鎖和鑰匙呢？

Q2 牛牛時鐘

農場裏有 4 頭喝水速度相同的牛，每頭牛喝完一盆水要花 2 小時。現在有 2 盆容量相同的水，要怎麼用 4 頭牛測量出 15 分鐘的時間？

Q3 牧羊犬小吉

農場裏有 5 隻牧羊犬：小春、小夏、小秋、小冬和小吉。小春在睡覺，小夏在看守羊羣，小秋在賽跑，小冬則在喝水。那麼小吉在做甚麼呢？

你答對以上謎題了嗎？揭至 P.36 看看答案吧！

蘇格蘭**蓋洛威山區**的一條村莊中，一個少年**氣喘吁吁**地直往村長的房子跑去。

看到少年奔至，正在屋外抽煙斗的老村長問：「小彼得，慌慌張張的幹嗎？」

「沃德大叔，不……不得了！」少年緊張得**口齒不清**，「有……有陌生人把……把……」

「哎呀，你冷靜一下，**期期艾艾**的，我又怎知道你想說甚麼啊。」

「有陌生人……把……把百多……多頭牛趕上山啊！」

「**甚麼？**」沃德大驚，「你甚麼時候看到的？往哪個方向？」

「昨天黃昏7點左右在路上看到的，是往……南方鄰郡的方向。」少年有點羞愧地說，「我看對方**兇神惡煞**的，不敢多問，只好連夜趕回來通報了。」

「**豈有此理！**又是盜牛賊嗎？」沃德霍地一躍而起，「快通知大家，我們馬上去追！」

十多分鐘後，沃德已和十多名壯漢策騎往少年所說的方向追去。他們連夜**馬不停蹄**地追趕，終於在第二天中午追上了兩個正在趕牛的陌生面孔。

「**喂！你們兩個給我站住！**」沃德大喊。

那兩個人勒停馬匹，訝異地回過頭來。

「喂！你們在幹甚麼？」沃德喊問。

「你沒看到嗎？正在趕牛呀！」其中一個**粗聲粗氣**地應道，他的額上有一條刀疤，看樣子並非**善男信女**。

「趕牛？那些牛是你們的嗎？」

刀疤男看一看長着一對**熊貓眼**的伙伴，似是猶豫要不要回答。

熊貓眼沉默了兩三秒後，高聲反問：「是又怎樣？不是又怎樣？」

「是的話，你們就是**盜牛賊**！」

「甚麼？」熊貓眼吃了一驚。他的坐騎彷彿感受到主人的驚恐似的，忽然使勁地擺了一下脖子。

「怎樣？說還是不說？那些牛是你們的嗎？」沃德的喊問中充滿了戾氣。

「不是我們的！」熊貓眼選擇了回答。

他的話音剛落，在不遠處的兩個壯漢已「**咔嚓**」一聲，扳起了步槍的擊錘。

刀疤男見狀大驚，慌忙叫道：「我們只是負責趕牛，是**一個男人**委託我們把牛趕去鄰郡的。」

「那人是誰？叫甚麼名字？」沃德狠狠地盯着刀疤男問。

「他說自己叫**朗奴**，沒告訴我們姓甚麼。」

「長相呢？」

「長相嗎？身高6呎多，臉孔刮得光光的，騎着一匹黑馬。」刀疤男有點慌張地說，「他說只要把牛羣趕到鄰郡，就給我們**100鎊**。」

「以前有為那人趕過牛嗎？」

「沒有，跟他昨天才在酒吧認識的。」

沃德沉思片刻，然後高聲向同伴們喊問：「大家相信他的說話嗎？」

「哼！鬼才會信！」

「才喝過一次酒，就會把百多頭牛交給你們？」

「騙人也該編個牛一點的故事吧？」

「呸！居然睜眼說瞎話！你們兩個一定是盜牛賊！」

壯漢們的罵聲四起，同一時間，已迅速策馬把刀疤男和熊貓眼包圍起來。

刀疤男大驚之下，兩腿用力一夾馬腹企圖突圍。但說時遲那時快，「砰」的一下槍聲響起，他已被擊中墮地。

「這匹馬的毛色很好，看來相當健康呢。」在馬背上，華生輕輕地摸了摸被夕陽照得發亮的**鬃毛**。

「是啊。」福爾摩斯在馬鞍上挪動了一下屁股，挺直身子說，「我這匹也不錯，**四蹄踏雪**，煞是好看。」

「沒想到困在這個山區足足兩個星期，要到今天才結案呢。」

「是的，本以為幾天內就可解決，誰料到一個證人突然被殺，結果花多了時間搜證。幸好桑德斯先生很慷慨，主動把調查費加倍，否則就太不划算了。」

「但話說回來，要不是案情**峰迴路轉**，也不會令你這個倫敦來的偵探**聲名大噪**，成為了這個山區無人不識的英雄呢。」華生笑道。

「英雄嗎？」福爾摩斯有點自嘲似的說，「是英雄的話，人們該**夾道歡送**才對呀，怎會只借出兩匹馬，就打發我們自己離開呢。」

「哈哈哈，你不是一向喜歡低調行事嗎？」華生取笑道，「夾道歡送並不適合你的風格啊。」

兩人在馬上說說笑笑，不經不覺之間已走進了一個山谷。然而，當他們走近一條分岔路時，卻看到一個壯漢騎在馬上，守在路口前。

「看來，那傢伙並不喜歡我們路過呢。」福爾摩斯輕輕地吐了一句，並以不徐不疾的步速，氣定神閒地控制着馬兒往那人走去。華生雖然有點擔心，但也以相同的步速緊隨其後。

當福爾摩斯的坐騎走到那人的不遠處時，那人突然喝道：「**此路不通！你們繼續往前走！**」

「嘿嘿嘿，這條路是你管的嗎？」福爾摩斯冷冷地一笑，然後輕輕地把韁繩一拉，讓坐騎改變了方向後，就直朝那人守住的分岔路走去。

「喂！沒聽到嗎？我說此路不通呀！」那人揚聲警告。

「那邊長了許多山毛櫸，煞是好看呢。」福爾摩斯裝作沒聽到對方的警告似的，向華生說。

「**喂！我再說一次，此路不通！**不想惹麻煩的話，就快走！」那人有點急了，再次發出了怒吼。

「麻煩嗎？我對麻煩早已習以為常，一點也不怕惹啊。」福爾摩斯與那人的坐騎擦身而過時，以嘲諷的語氣問，「這是條私家路嗎？就算是私家路也不必持槍把守吧？」

「豈有此理！你找死嗎？」那人一怒之下，「咔嚓」一聲，扳起了步槍的擊錘。

華生嚇了一跳，慌忙把馬拉停。

可是，福爾摩斯並沒有理會，一直繼續往前走。同時，他還**若無其事**地回過頭來，向華生說：「你繼續往原路走吧，我待會再與你會合。」

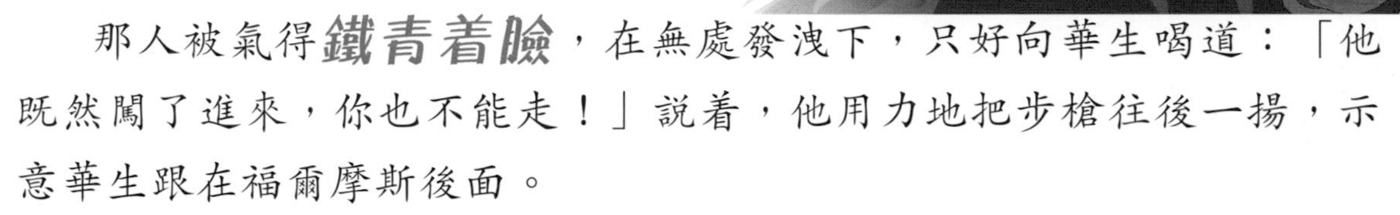

那人被氣得**鐵青着臉**，在無處發洩下，只好向華生喝道：「他既然闖了進來，你也不能走！」說着，他用力地把步槍往後一揚，示意華生跟在福爾摩斯後面。

華生雖然感到**進退兩難**，但在步槍威脅之下，只好按照命令去做。他輕輕地夾了一下馬腹，小心翼翼地控制着馬兒，走進了分岔路。

啲噠……啲噠……

啲噠……啲噠……

三匹馬在山路上緩慢地走着，漸漸走進長滿了山毛櫸的樹林中。不一會，馬匹行走的「**啲噠、啲噠**」聲，已變成「**沙嚓、沙嚓**」的聲響。這時，他們已走進了鋪滿落葉的路段。

華生心想，此路看來是一條**人跡罕至**的山路，否則落葉不會那麼浮浮鬆鬆，就像好久沒有馬匹踐踏過似的。

福爾摩斯騎着馬一直往前走，他並沒回過頭來看。但華生估計，剛才那人的一聲**吆喝**，老搭檔一定知道自己被迫跟在後面。為免刺激那人，華生也沒有回過頭去看。但他從那些「**沙嚓、沙嚓**」的聲響可知，那個壯漢仍緊跟在後面。

「那人為何要守住分岔路的路口呢？我們本來不是走這條路的，福爾摩斯又為何要**自找麻煩**，強行走進來呢？難道……他知道前方有事發生？」華生心中泛起了一個又一個疑問。

就在這時，前方傳來了「**鏘鏘**」之聲，接着，又傳來「**啪吵、啪吵**」的聲響。很明顯，那是鋤地的聲音，看來有人在前方挖地，而且不只一個人。

果不其然，再往前走了幾十碼，就看到在山路右方的樹林中，一個人用鋤頭，一個人用鐵鏟，在樹與樹之間的一塊小空地上挖出了一個**長方形的坑**。不過，看來兩人只挖了不久，坑並不深。

看到那個坑的形狀，華生心中升起了一個不祥的預感——那，不就像一個用來放棺材的**墳坑**嗎？

三人的坐騎繼續往前走，那兩個人仍**全神貫注**地挖着，可能是挖地的聲響太吵了吧，連有馬匹經過也沒察覺。再往前走了幾十碼，華生跟着福爾摩斯的坐騎下了坡後，前方傳來了一陣嘈雜的人聲。再走了一會，華生就被眼前的光景嚇得倒抽了一口涼氣。

在前方不遠處的平地上，只見**八個男人**聚在一起。有兩個騎在馬上；有三個坐在一根粗壯的橫木上；一個坐在樹樁上；有兩個則站在馬兒的旁邊。當他們聽到三匹馬接近的聲音時，全部一下子望向這邊來。

不知怎的，華生從他們的表情中感到一股不尋常的煞氣，叫人有點**不寒而慄**。

坐着的其中一人是個蓄着白鬍子的**老頭**，他咬着煙斗，一口一口地使勁吐出白煙，惡狠狠地看着朝他們走近的福爾摩斯。另一個原本坐在橫木上的壯漢緩緩地站起來，走到一株粗壯的山毛櫸旁才停下來。這時，華生才赫然發現，那株樹下坐着兩個被**五花大綁**的男人，他們的眼神充滿了恐懼，嘴巴更被布團塞住，只能發出「**嗚**……**嗚**……」的呻吟聲。他還注意到，其中一個額上有**刀疤**，左肩上還淌着**血**，好像受了槍傷。

福爾摩斯控制着馬兒緩緩地走到一眾大漢的前面時，白鬍子老人也**不慌不忙**地站起來，以粗豪的嗓音喊問：「啊！還以為是誰，原來是福爾摩斯先生，你怎麼來了？」

「你好！我沒記錯的話，你是**沃德大叔**吧？」說着，福爾摩斯打量了一下其他人，臉帶微笑地繼續道，「還有萬斯先生和阿諾德先生呢。」

經福爾摩斯這麼一說，華生才認得八個大漢中有幾個很面善，他們都是以牧牛為生的**牧民**。在剛完結的莊園主毒殺案中，警方曾錄取過他們的口供。

「你認得我們就好辦了。」沃德大叔繃緊的面容鬆弛下來，「我們在這裏有事情要辦，請你**原路折返**吧。」

「請問是甚麼事情呢？」福爾摩斯說着，輕輕地把右腿往後一提，矯捷地從馬上跳了下來。

沃德面色一沉：「看來，你要**多管閒事**呢。」

「嘿嘿嘿……」福爾摩斯冷笑道，「你知道，我的工作是調查罪案，好奇是我的**職業病**，不了解清楚發生了甚麼事，心裏癢癢的，很難**不顧而去**啊。」

「哼！」沃德使勁地往地上吐了一口唾沫，又往那兩個被綁着的人瞥了一眼，「好吧！你聽着。簡單說來，我們山區的牛已不止一次被盜了，現在已到了**忍無可忍**的地步。所以，必須嚴懲盜牛賊，杜絕這種可惡的罪行！誰也休想阻止！」

「原來如此。」福爾摩斯點點頭，「盜竊確實須要杜絕，我對此毫無異議。不過，我倒想請教一下，怎樣做才能杜絕呢？」

「**一根繩子。**」

「啊！」華生赫然一驚，心中暗想，「那不就是要執行**絞刑**的意思嗎？剛才那兩人在樹林中挖墳坑，原來為的是……」

「一根繩子嗎？」福爾摩斯淡淡然地問，「這個方法不錯，但我們早有共識如何處理盜竊犯，看來應該遵守這個**共識**吧？」

「共識？甚麼共識？」沃德問。

「那是我們的先祖經過千百年來的爭論，才令大家**一致認同的方法**呀。」福爾摩斯理説着，環視了一下各人，「要是每個人都**各施各法**，**獨斷獨行**地去處理罪犯的話，只會令社會大亂。所以，我認為大家必須遵守這個共識。」

「還以為你説甚麼，你所謂的共識，是指『**法律**』吧？」沃德以鄙視的語氣問。

「隨你喜歡怎樣叫。總之，大家既然早有共識，就必須遵守，不可**肆意妄為**。」

沃德咬了咬煙斗，鼻子裏**嗤**了一聲，説：「你不必**多費唇舌**了，我們已決定了用自己的方法。」

「是嗎？難道不怕傷害無辜？」

沃德猛地轉身，用煙斗指着那兩個在樹下**哆嗦**着的盜牛賊説：「無辜？你説他們嗎？」

「我不是説他們。」

「那麼，你是説誰？」

福爾摩斯往沃德身後的萬斯和阿諾德瞟了一眼，説：「諸位都是這個山區**德高望重**的人，倘若連你們也無視法紀的話，那些**卑鄙無恥**的小人肯定更會**肆無忌憚**地犯法。你沒想到這點嗎？」

「哼！我們是**替天行道**，是主持正義！怎可與卑鄙小人相提並論！」

「嘿嘿嘿，當然，你們可以用這些**堂而皇之**的理由為自己開脫。但是，那些**卑鄙小人**一樣可以用相同的理由為自己開脫啊。你說是嗎？」

沃德沒有回答，只是狠狠地盯着福爾摩斯。

「這樣的話，由法律維持的秩序就會崩潰，依靠法治保護的無辜弱者就難以安全地生活下去了。」

華生沒想到，福爾摩斯會用這個角度來解釋**守法精神**，聽起來好像**拐彎抹角**似的，卻又有**鞭辟入裏**的效果。不過，看那些大漢仍然殺氣騰騰似的，就知道這番說話對他們完全無效。

「福爾摩斯先生，我們沒心情跟你大發議論。」沃德悻悻然地說，「有人企圖把我們放牧的牛趕到鄰郡去，他們為達目的**不擇手段**！為了保護生命財產，只能把他們綁起來吊死！沒錯，這是犯法的，你害怕犯法的話，就給我馬上滾！」

華生知道，這些牧民在大自然中與天鬥與地鬥，全都鍛煉出過人的膽色和**堅韌不拔**的意志，老搭檔僅憑**三言兩語**是不能說服他們的。可是，他怎麼也沒想到，老搭檔的回應竟是——

「好呀，要是你們執意要犯法的話，我也不好意思**袖手旁觀**，不如我也來陪你們一起犯法吧。」

沃德一怔，在沉思片刻後，懷疑地看着福爾摩斯說：「隨你喜歡，但千萬不要耍花樣啊！記住，你留下來就是從犯，承受的結果會跟我們一樣！」

「正合我意。」大偵探咧嘴一笑，「不過，我既然是**從犯**，就

要對我公平一點。」

「甚麼意思？」

「不是嗎？你們掌握了盜牛賊犯案的證據，也確信他們犯了法。可是，我對案情卻**一無所知**，很難判定他們的罪行啊。」

「想知道案情嗎？告訴你也無妨。」沃德吐了一口煙說，「這一年來發生了幾宗嚴重的盜牛案，我們就定下了規矩，凡是看到**陌生人**在這個山區趕牛，就必須馬上向村裏通報。」說着，他把昨天接報後追捕兩個盜牛賊的經過**一五一十**地道出。

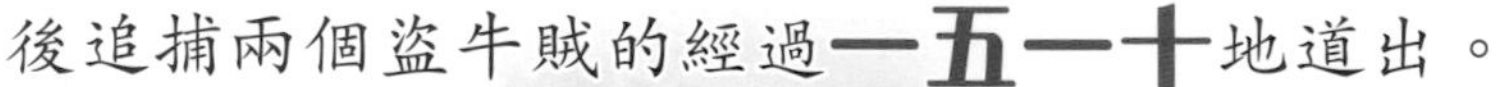

聽完沃德的解釋後，福爾摩斯沉思片刻，問道：「盜牛雖是重罪，但也罪不至死。為何要**處以極刑**呢？」

「哼！」沃德憤怒地說，「他們不但盜牛，還殺了人！這是**謀財害命**，當然要處以極刑！」

「啊！」華生暗地一驚，終於明白一眾牧民要行私刑的道理了。

然而，福爾摩斯卻冷靜地問：「他們有甚麼說法？」

「當然**矢口否認**，難道會說自己殺了人嗎？」沃德說着，指一指坐在樹樁上的壯漢道，「**阿鮑**是我們的證人，他知道真相。」

「啊？有目擊證人？」福爾摩斯有點詫異。

「阿鮑，把**真相**告訴我們的偵探先生吧。」沃德喊道。

那個阿鮑慌忙站了起來，他看了看福爾摩斯，遲疑地搓了搓手說：「是這樣的，我為了買幾頭牛，昨天黃昏去**丹尼爾・庫普曼**老先生家，想他帶我去牧場挑選一下。當走到他家附近的山腰時，卻看到遠處的山脊上有**一個人**，他一邊看着山下的牧場一邊急急策馬離開。由於距離太遠，我沒看清楚他的樣貌，只看到他的外衣是橙黃色的。我**不以為意**，就往山下走去……」

「**庫普曼先生！我來了！**」我走到房子前，向半開着的門口喊道。可是，屋內並沒有人回應，看樣子是沒有人在家。

「唔？難道剛才那個男人也是來看牛的？庫普曼先生讓他看完牛後，仍在牧場那邊？」我想到這裏，就走到牧場去看。可是，牧場**空空如也**，不但庫普曼先生不在，連牛也不見一頭。

為了等待老先生回來，我又折返房子。可是，當我在門廊的椅子上坐下來時，卻注意到門口附近的地板**濕**了。

「咦？剛洗擦過地板嗎？但為何只洗那麼**一小塊**呢？」我感到

疑惑，於是走過去細看。可是，當我看完地板抬起頭來時，卻發現門框上有一處碎裂了。再定睛細看之下，卻赫然發現那是一個**彈孔**！

「**不得了！**」我驚叫的同一剎那，心裏閃過一個不祥的預感——難道……有山賊來搶掠，開槍殺死了庫普曼老先生？那塊未乾的地板……是洗擦**血跡**後留下的水跡？

我想到這裏，心裏雖然感到害怕，但也只好壯着膽子，**戰戰兢兢**地走進屋子裏看過究竟。

然而，客廳內並沒有人，擺放的東西也**整整齊齊**的，沒有遭受搶掠的痕跡。於是，我再往屋內走，走到卧室門前時，聽到裏面傳來「**嘰**」的一下聲響。我心裏雖然有點害怕，但為了確認庫普曼老先生的安危，也只好**硬着頭皮**悄悄地推開房門。可是，當我一踏進室內，眼尾卻突然看到一個人影**一閃**，嚇得我慌忙退後！

下回預告：阿鮑在屋內有何發現？他的說話又是否可信？福爾摩斯能否阻止沃德等人向兩個盜牛賊執行私刑？下回大結局絕對令你意想不到！請勿錯過！

經典動畫重新製作，今個暑假展開星際大冒險！

科學電影院

暑假某天，多啦A夢和大雄等人遇上落難的外星人巴比。眾人以「縮小電筒」縮細自己，與對方成為好友。這時追捕巴比的敵人從天而降……為守護朋友，大雄他們勇闖宇宙！

▲只有手掌般大的巴比，為何逃到地球？

資料提供：洲立影片發行（香港）有限公司

▲到底眾人能否戰勝敵軍，逃出生天？

粵語配音

8月4日

為正義和友誼而戰！

科學小知識

放大鏡和顯微鏡皆以凸透鏡製成，能聚焦光線，放大物件影像。只要運用這些工具，就能體驗主角們縮小後的視角，連微小的東西也一目了然呢！

讀者天地

邢渃希

他肯定會怒氣沖沖地給你 0 分啊，不過我覺得值 10 分！強力的電磁鐵很耗電，所以他的手套幾分鐘後就會沒電，馬上就從牆壁上安全下來，回家睡覺了。

劉子晴

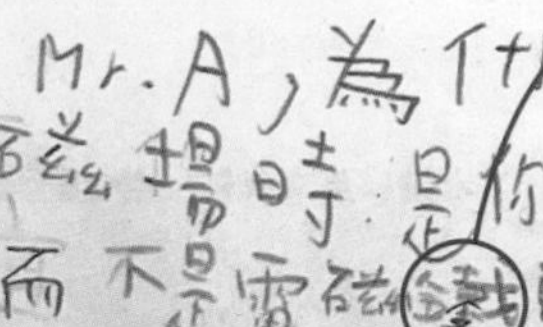

哼！不答你！

哈哈，別管那小器鬼。這是因為我把電磁鐵牢牢固定在地上，可視為跟地球「合體」了。地球這麼重，我們產生的磁力當然推不動。Mr. A 比地球輕得多，所以就輕易被彈開了。

Christine Chan

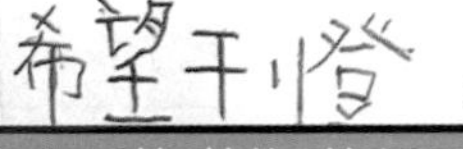

謝謝你的漂亮貓摺紙！亞龜米德和愛因獅子的名字，分別是來自亞基米德和愛因斯坦。

電子信箱問卷

黃煒晴

我覺得今次的航海冒險棋非常好玩👍希望可以再出類似的棋類遊戲😀

吳心蕎

今次的決策儀幫助了我不少呢！期待下一次的實驗😍

IQ 挑戰站答案

Q1 第一把鑰匙最多要試 4 次，若前四個鎖都配不上，就知道鑰匙和第五個鎖吻合，不用試第五次。

第二把鑰匙最多要試 3 次。剩下的四個鎖中，若前三個鎖都配不上，就知道第四個鎖是吻合的，不用試第四次。

如此類推，第三把鑰匙最多要試 2 次，第四把鑰匙最多要試 1 次。最後剩下的鎖便是和第五把鑰匙吻合的。

因此，要配對所有鎖和鑰匙，最多要試 4+3+2+1=10 次。

Q2 將 4 頭牛分別稱作 A、B、C 和 D。

首先讓 A 喝第一盆水，B、C 一起喝第二盆水，兩邊同時開始。1 小時後 B、C 就喝完第二盆水，而第一盆水剩下一半水量（1 頭牛喝 1 小時的分量）。然後讓 A、B、C、D 同時喝第一盆水，喝完所花的時間就是 15 分鐘。

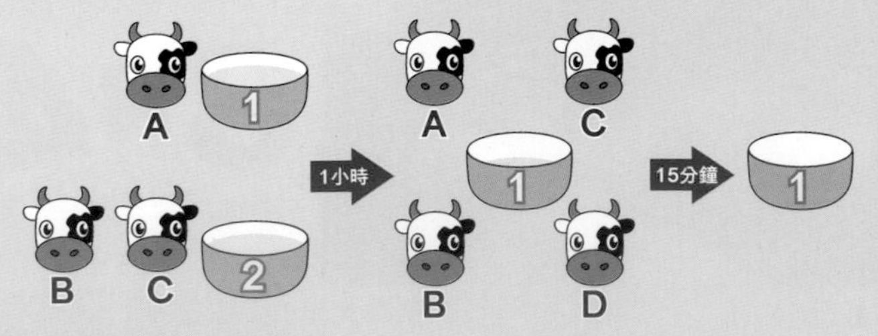

Q3 只有小秋自己是無法賽跑的，因此小吉是在和小秋一起賽跑。

咔咤！

安東尼・列文虎克 (Antonie Leeuwenhoek) 將插在匙孔裏的鑰匙輕輕一扭，打開了門鎖，然後推開木門，一個偌大的房間展現眼前。當中只有一個畫架、一個木櫃、數張几桌和幾幅**畫**。

他走進房間，來到一幅掛在牆上的畫前細看。畫的主角是個身穿深藍袍子的男人，他手執兩角規，望向旁邊的窗户。日光從窗外照進室內，不論其角度或明暗分佈都非常精妙，令整幅畫儼如真實景象。另外，畫的角落還繪有地圖、地球儀、書籍等，暗示畫中人該是一名**學者**。

其實列文虎克身為已故畫家**維梅爾***的遺產管理人，曾仔細檢查財產清單，知道那幅畫名為**《地理學家》**(*The Geographer*)，約於1669年間完成。他想起自己剛巧也在那年通過考核，被市政府任命為**荷蘭**的土地測量員，與地理沾上一點關係。

這時一個婦人走到他身旁，一邊看畫一邊皺着眉頭問：「列文虎克先生，你覺得這幅畫**值**多少錢呢？」

「維梅爾太太，那就要看買家的意願了。」列文虎克安撫道，「放心，一切拍賣所得都會先用於**還債**，以減輕你的負債壓力。」

「唉，我丈夫生前賣出的畫不多，現在死後又留下一大堆債務。」維梅爾的妻子幽幽地道，「以後日子怎樣過啊……」

「總有辦法的。」

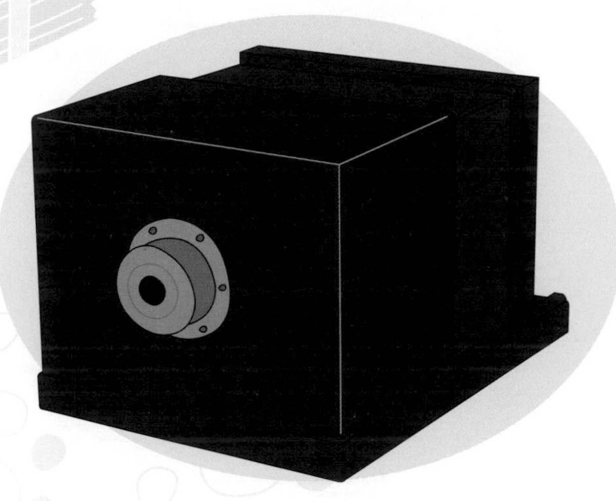

説着，列文虎克似要躲過她的追問般，轉身走向房間一角的矮櫃子旁，櫃上擱了一個「**暗箱**」。他打開箱蓋，只見裏面有一塊磨沙玻璃，其下方還有一面反光鏡，箱的前方則鑲嵌了一塊**凸透鏡**。

「它也有凸透鏡啊。」他看着箱子喃喃自語，「原來如此，光線通過凸透鏡**放大影像**，再以反光鏡投射至上方的磨沙玻璃，只要在玻璃覆上一張紙，就能臨摹出眼前的景物了。」

列文虎克對凸透鏡的放大功能十分清楚，畢竟他從以前就反復研究過其原理，又親手造過很多裝嵌在**自製**顯微鏡中的凸透鏡片，以觀察各種**微小物體**，甚至從中發現許多細到連肉眼也看不見的生命。

只是，他並不知道那些發現對日後**微生物學**的誕生帶來重大的貢獻。

離鄉別井

1632年，列文虎克於荷蘭**代爾夫特***出生。父親是一個手工匠，專門製作和經銷籃子，早在列文虎克6歲時就逝世了，而母親及後改

*約翰尼斯．維梅爾 (Johannes Vermeer，1632-1675年)，荷蘭黃金時代的著名畫家。
*代爾夫特 (Delft，或譯作「台夫特」)，荷蘭南荷蘭省的城市。

嫁了一名畫家。

年幼的他度過平凡的童年，直到8歲時就被送到瓦爾蒙德*的寄宿學校，學習拉丁文等基礎科目。數年後他被送往本休曾*，與身為法官的舅舅生活，從中學習一些**法律知識**。到1648年，16歲的列文虎克前往首都**阿姆斯特丹**，投靠另一名舅舅，並經其介紹而成為一名英裔**布商**的學徒。

17世紀的荷蘭正值強盛的黃金時代，貿易非常發達，各色各樣的商品都從世界各地輸入阿姆斯特丹，而列文虎克所在的布店也該存放了不同款式的**布匹**。如此一來，他就須認識紡紗、編織、漂染等各種布的製作工序，還要曉得如何**辨認**布料和**鑑識**其質地。

若要檢查一匹布的好壞，當時布商會利用以**凸透鏡**製成的放大鏡細心觀察。這樣，他在學習過程中就見識到凸透鏡神奇的放大作用，為日後研製顯微鏡奠下基礎。

經過7年實習，列文虎克已具備獨當一面的能耐，於是在1654年回到**故鄉**代爾夫特，同年迎娶妻子芭芭拉。及後二人在市中心附近買了一幢房子，開始經營一間布店，過上**小康**的日子。

不過，列文虎克並不甘於平淡，雖沒正式上過大學，但仍努力**自學**其他科學知識。譬如他會定期到外科醫師的課堂旁聽，學習解剖學的知識，另外還自學數學。

他一面不斷累積知識，一面提升自己的社會地位，兼任更**優渥**的工作。自1660年他就獲市政府委任為議事廳的財務人員，處理各項工作，包括開首提及的**遺產**處理事務。此外，1669年他成為**土地測量員**，之後又被委派擔當代爾夫特的**葡萄酒測量師**，負責市內的葡萄酒入口與稅收事宜。

*瓦爾蒙德 (Warmond)，荷蘭南部的市鎮。
*本休曾 (Benthuizen)，荷蘭南部的市鎮。

觀察入微

列文虎克身為布商，須常用放大鏡檢查布匹，對**觀察微小事物**的科學知識亦會多加留意。雖不知從何時開始，他逐漸萌生一個念頭，要造出更精細的「放大鏡」(亦即**顯微鏡**)，並嘗試**自行製作**一些凸透鏡。

事實上，早在16世紀初荷蘭眼鏡製造商詹森父子已發明**複合式顯微鏡***，之後多年其他科學家不斷改良品質，並以之察看各種事物。當中最著名的莫過於英國博物學家**羅伯特·虎克***。他用顯微鏡觀察軟木塞，發現一個個極微小的「室」，將之命名為「cell」，也就是現在眾所周知的「**細胞**」。另外，他亦透過顯微鏡觀看蚊子、跳蚤等小生物，將其外貌**巨細無遺**地繪畫出來，並收錄於1665年出版的顯微學專著**《顯微圖譜》***。

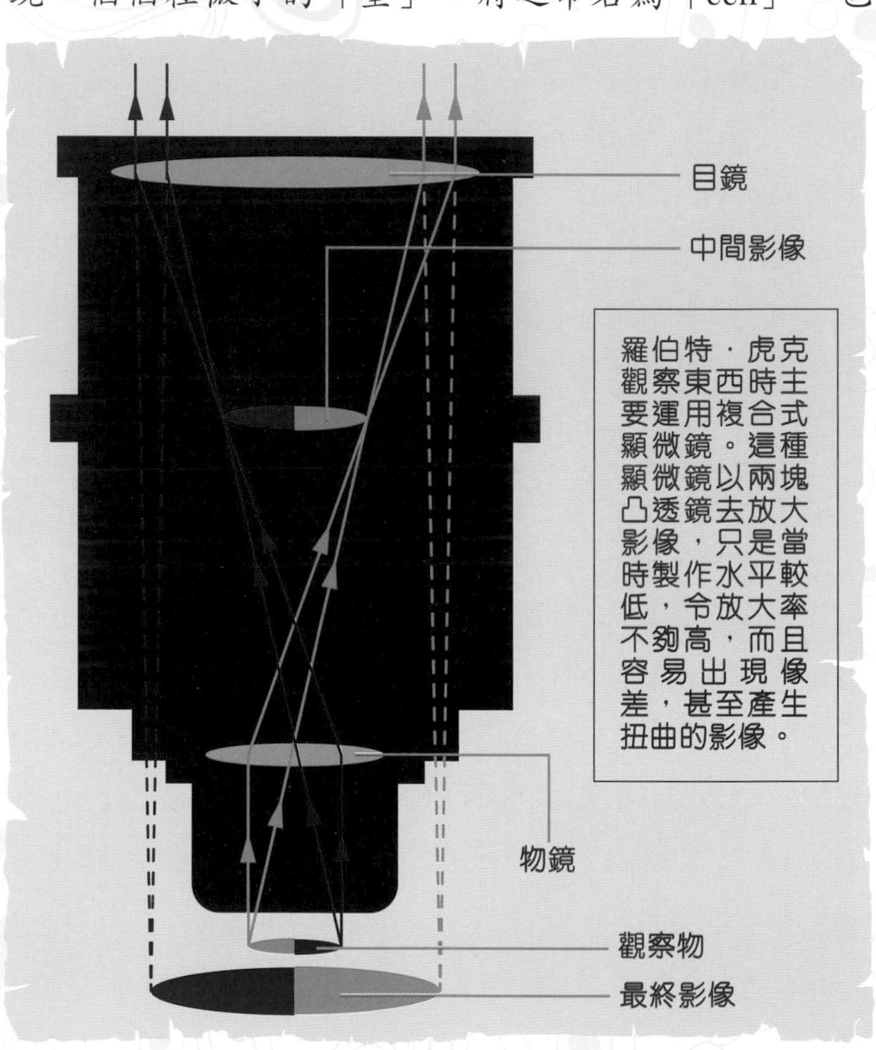

1668年，列文虎克因工作關係而前往**倫敦**。當時他可能在當地看過《顯微圖譜》，並受到當中記載另一種顯微鏡——單式顯微鏡的鏡片製作方法所**啟發**。羅伯特·虎克在書中提到將一條

*有關詹森父子的事跡和複合式顯微鏡的原理，請參閱「科學實踐專輯」。
*羅伯特·虎克 (Robert Hooke，1635-1703年)，英國博物學家。
*《顯微圖譜》，英文全稱是 *Micrographia: or Some Physiological Descriptions of Minute Bodies Made by Magnifying Glasses. With Observations and Inquiries Thereupon*.

玻璃線的末端加熱熔化，形成一顆小珠，再將其取下，放在眼前觀察物體。透過那顆**玻璃珠子**，物體影像就會被放得更大、更清晰。

列文虎克回到荷蘭後，約於1672至1673年間製造出一種放大率達**270倍**的鏡片，它比當時一般顯微鏡最多只有約**30倍**放大率明顯厲害得多。他將鏡片嵌在一塊細小的黃銅金屬板上，只要把觀察物插在後方的針尖，面向光源，就能將細小的物體看得**一清二楚**。

列文虎克的單式顯微鏡

事實上，列文虎克終其一生都對自己如何製作出高放大率透鏡語焉不詳。直至現代有科學家找出方法，成功仿製出鏡片。2021年有研究人員發現該製造方式與羅伯特．虎克在書中提及的極之相似，表示列文虎克的製鏡方法可能並非獨創。

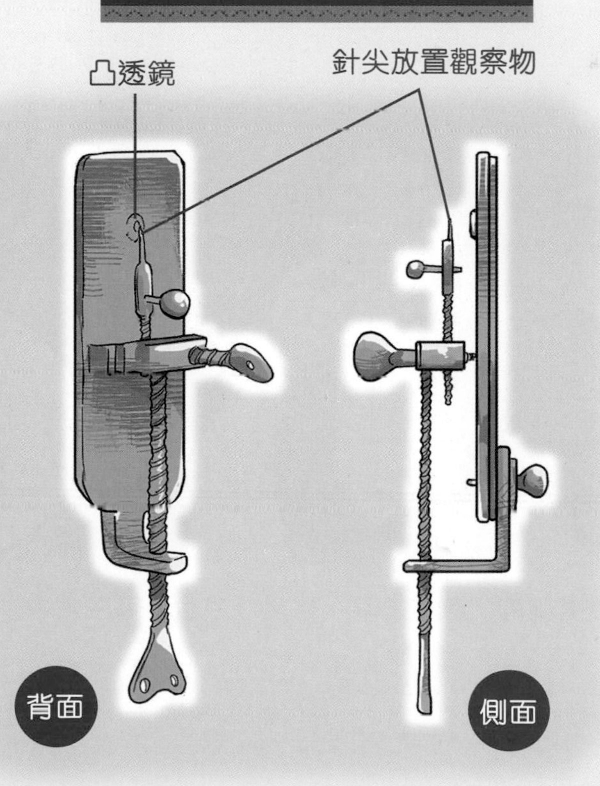

羅伯特．虎克在《顯微圖譜》提到這種單式顯微鏡的缺點。首先，觀察物只能置於針尖，難以擺得穩妥，相反複合式顯微鏡則擁有易於控制的載物台。另外，單式顯微鏡的凸透鏡與觀察物距離太近，容易造成背光，使影像變得幽暗，觀察時就較辛苦。所以他不常使用單式顯微鏡，因很易用眼過度。

最初，他利用那自製的顯微鏡觀察蜜蜂、虱子等一般生物。直到1674年外出旅行時，他從水中發現許多**前所未見**的東西，為此驚訝不已，並把事情告訴一位朋友……

「格拉夫先生*，歡迎你到來。」列文虎克一面邀請友人進入書房，一面**興致勃勃**地說，「最近我用顯微鏡看到一些很**驚人**的東西呢！」

「哦？是甚麼？」格拉夫問道。

「數月前正值冬末，我在一個**湖**划船，那時的湖水非常**清澈**。」列文虎克回憶道，「但幾天前我再到湖邊時，竟看到許多一點點又白又綠的東西。於是用小瓶子舀了一點水，再以顯微鏡去觀察，就看到很多特別的**蟲子**呢！」

「特別的蟲子？是樹葉上的毛蟲那樣嗎？」

「不，牠們有不同形態的。」他滔滔不絕地道，「有些是一條條的，好像頭髮一般，身子裏面有綠色的**螺旋花紋**。另外一種呈橢圓形，尾部還長有許多**細毛**，好似魚鰭一般，幫助牠四處游動。對了，還有種泛綠色的小玩意，頭和尾都窄而尖，中間則較寬闊。」

↑現代已知他從顯微鏡看到的，該是水綿、輪蟲、綠眼蟲等在水中生活的微生物。

「如果有樣本的話，我也想看看啊。」格拉夫說。

「沒問題。」說着，列文虎克就從櫃子拿出一個裝了水的小瓶子和一塊小金屬板，遞給對方。

*雷尼爾．德．格拉夫 (Regnier de Graaf，1641-1673年)，荷蘭物理學家與解剖學家。

不一會，格拉夫用那小小的顯微鏡看過後，驚歎地道：「太**神奇**了，水裏竟存在如此有趣的**小生命**！」

「我會繼續仔細觀察，記錄牠們的形態，或許還可以**分門別類**呢。」列文虎克笑道。

「不如你寫信給**英國皇家學會**，去報告這些最新的發現吧。」格拉夫説，「他們一定會感興趣的。」

「但我不是正式的科學家，他們肯理會我嗎？」他**擔憂**地問。

「放心，包在我身上！」

果然，格拉夫後來寫信給皇家學會的秘書奧爾登伯格*，向對方**介紹**列文虎克及其發現。此外，當另一位科學家惠更斯*得知消息後，也大力**推薦**。最後，奧爾登伯格就邀請列文虎克定期將觀察結果寄去皇家學會以作**發表**，也會刊載於《皇家學會哲學學報》等學術期刊上。

此後，列文虎克就以顯微鏡觀察到更多事物，例如從蛀牙中發現大量**細菌**、在糞便裏看到一種螺原體細菌、在其他物體見到多種**單細胞生命體**，還比較了各種動物精子的模樣。另外，他抽取自己的血液加以察看，發現了**血球** (即血細胞)。他把那些東西的形態一一仔細記錄下來，加以匯整，從1676年起將資料定期寄給皇家學會。

他因此逐漸**嶄露頭角**，後來得到皇家學會賞識，獲選為成員之一，連皇室與政治家也加以關注。1686年他有感自己的成就斐然，決定在自己的名字中間加上貴族姓氏「范」，自稱**安東尼·范·列文虎克** (Antonie van Leeuwenhoek)。

*亨利·奧爾登伯格 (Henry Oldenburg ，1619-1677年)，德國科學家，皇家學會第一代成員。
*克里斯蒂安·惠更斯 (Christiaan Huygens，1629-1695年)，荷蘭數學家、天文學家與物理學家，在多方面有不少成就，曾創立光波説，又發現土星的其中一顆衛星「土衛六」。

雖然列文虎克只是一位**業餘**的科學研究者，以30多歲之齡才開始探究顯微鏡，其鏡片製法亦非全由他獨創。但他憑藉其**高超手藝**和**努力不懈**的意志，持續改良鏡片的質素，製造出**數以百計**高放大率的凸透鏡片和多個顯微鏡。

此後他透過顯微鏡不斷觀察那些看似毫無生命的物質，從中發現一個**多姿多彩**的微生物世界。另外他寫下數百封信予皇家學會，將觀測成果公之於眾，令人們得以認識微觀尺度下的事物。

只是，當列文虎克於1723年逝世後，微生物學一度**沉寂**下來。直至百多年後，科學家才重拾有關方面的研究，並逐漸承認其**地位**。

現在，人們已能運用各款新式顯微鏡，就連更細小的**病毒**，甚至是**原子**都能清楚看到，大大促進醫學、物質化學等各方面的發展。

動物

科學快訊

烏鴉清潔隊出動！

據「淨化瑞典基金會」統計，每年有超過10億個菸蒂被丟棄在瑞典街頭。為了幫忙清除這些垃圾，瑞典公司Corvid Cleaning於本年2月開始，訓練野生烏鴉幫忙撿垃圾，清潔街道。

在訓練中，每當烏鴉撿到菸蒂並投進特定機器，就能獲得食物作奬勵。由於烏鴉不需要薪水，公司負責人估計，這計劃可節省約75%的街道清潔費用。

除了瑞典，法國亦有懂得撿垃圾的烏鴉。「狂人國遊樂園」內有6隻烏鴉負責表演，懂得叼起玫瑰花獻給公主。這啟發了工作人員，開始訓練牠們像叼花那樣撿起垃圾。

覓食小天才

除了撿垃圾換取獎勵外，聰明的烏鴉還懂得利用工具覓食。

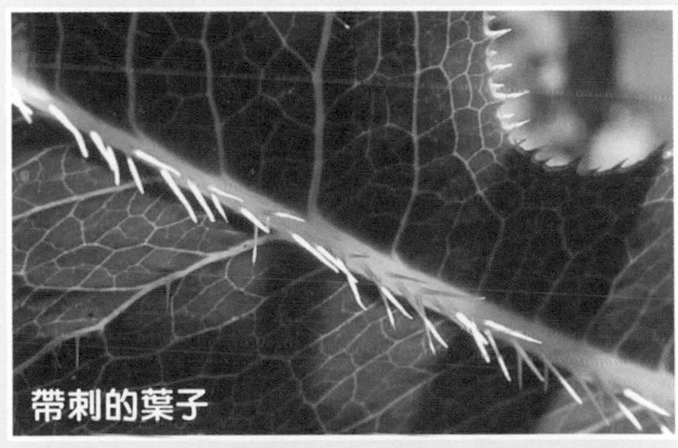

▲烏鴉會用帶刺的葉子和鈎狀樹枝捕食蟲子。牠們叼起枝條，伸進樹幹，不斷戳裏面的蟲子。當蟲子感到不耐煩，就會捉住那枝條。這時烏鴉便把枝條拉出來，吃掉蟲子。

不過，烏鴉尚未能完全代替清潔人員。園方這樣做是為了鼓勵人們：連烏鴉都懂得撿起垃圾，人類更應保持環境清潔呢！

開心禮物屋 夏日送大禮

參加辦法
在問卷寫上給編輯部的話、提出科學疑難、填妥選擇的禮物代表字母並寄回，便有機會得獎。

計劃好怎樣過暑假了嗎？

A LEGO 工程系列 42136 拖拉工程車 1名

組件達 390 顆，構造逼真，連接處可傾斜及轉向！

B 4M 數學魔術師 1名

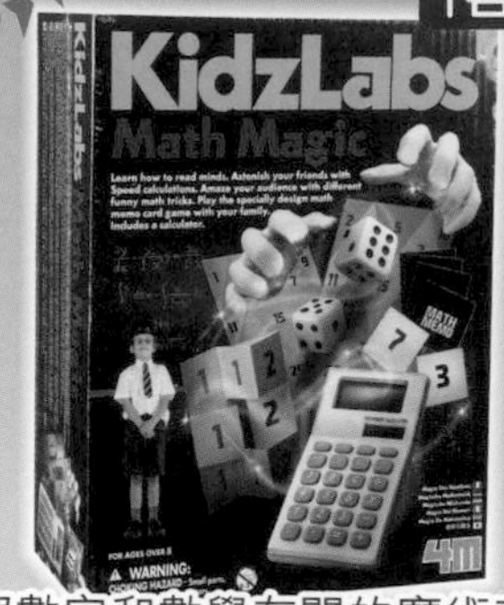

與數字和數學有關的魔術套裝！

C 蜘蛛俠造型迷你足球 1名

直徑 15cm 的小型足球。

D 大偵探福爾摩斯 資料大全＋寫作教室 1名

齊備兩冊，助你創作出精彩的福爾摩斯故事！

E 超常識奇俠 1至2集 1名

以生動的漫畫解釋大小生活常識以及其科學原理。

F 大偵探筆袋 1名

福爾摩斯陪你迎接新學年！

G 大偵探文具套裝 2名

含 A4 文件夾、卡套、貼紙、證件套和 A5 筆記簿。

H 星光樂園 遊戲卡福袋 2名

每個福袋含卡超過 40 張！

I Tomica 車仔系列：薯條 1名

日本 TOMY 玩具經典系列！

第 206 期得獎名單

	禮物	得獎者
A	J'adore 馬賽克拼圖	陳顥瑜
B	Crayola 綜合顏色創意套裝	陳卓知
C	Jaq Jaq Bird 粉筆畫簿	姚力文
D	Crayola 八色 Window Markers + Fabric Markers	邱天顥
E	科學 DIY 第 1+2 集	黃志賢
F	小說 少女神探愛麗絲與企鵝 第 7 至 9 集	張證羽
G	The Great Detective Sherlock Holmes 第 1 至 3 集	胡諾行
H	星光樂園 遊戲卡福袋	朱樂兒　曾埝兒
I	小說 怪盜 JOKER 第 1+2 集	石栢晧

規則

截止日期：8 月 31 日
公佈日期：10 月 1 日（第 210 期）

★問卷影印本無效。
★得獎者將另獲通知領獎事宜。
★實際禮物款式可能與本頁所示有別。
★匯識教育公司員工及其家屬均不能參加，以示公允。
★如有任何爭議，本刊保留最終決定權。
★本刊有權要求得獎者親臨編輯部拍攝領獎照片作刊登用途，如拒絕拍攝則作棄權論。

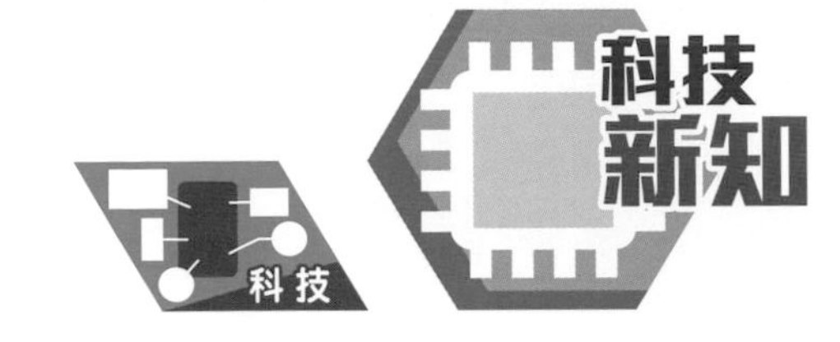

海水化淡新突破！

本年2月，麻省理工學院聯同上海交通大學，研發出新一代太陽能海水脫鹽裝置。裝置由隔溫層分成兩層，隔開鹽分濃度較高和較低的海水，再利用蒸發過程收集淡水。

運作原理

❶ 太陽散發的熱能令上層海水蒸發，以收集淡水。

❷ 部分水分蒸發後，上層海水的鹽分濃度上升，令水的密度變高。

❸ 上層密度較高的海水下沉，下層密度較低的海水上升，形成對流。

太陽能
水蒸氣
鹽分
隔溫層
新一代裝置

以上過程會不斷重複，直至水分不再蒸發。

為甚麼要淡化海水？

這是為了製造食水。海水的鹽分高，若人們直接喝下去，腎臟便須抽取體內的水分來稀釋海水，以產生尿液。這樣不但加重腎臟負荷，更會導致人體脫水！

新一代的突破

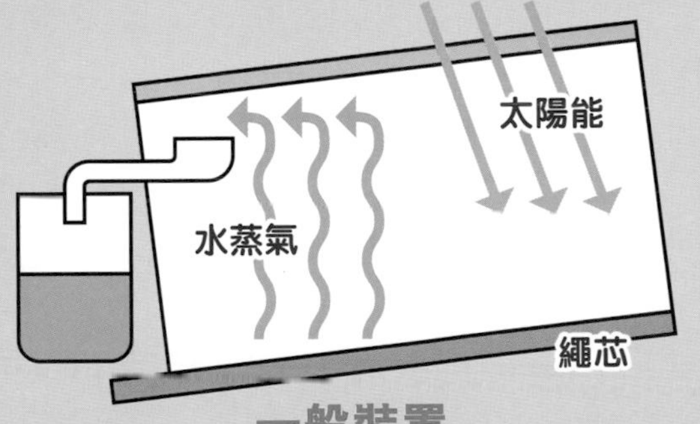

一般裝置

現有的裝置一般以繩芯吸收海水，再利用毛細作用*使海水流動，待水分蒸發後收集淡水。

不過，海水中的鹽分常在繩芯上積聚，堵塞水流，且難以清理，須不時更換繩芯，才能繼續使用。新裝置利用無芯設計，便能避免以上問題，提升裝置的耐用度。

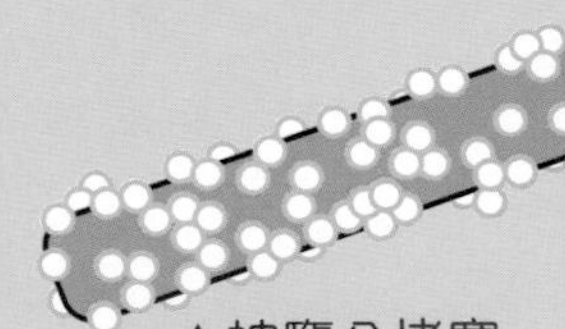

▲被鹽分堵塞的繩芯

* 有關毛細作用的知識，可參閱第188期「科學實踐專輯」。

大偵探福爾摩斯
海邊之旅

「傑克，你終於來了！」愛麗絲遠遠看見同學傑克，立即上前相迎。

「來！來！來！嬸嬸正等着你呢！」她興奮地拉着傑克來到**221號B**門前。

「啊……」傑克看着門牌，充滿期待地說，「這兒就是大偵探的家嗎？真想參觀一下呢！」

「喂！甚麼大偵探的家？他只是租客罷了。我的嬸嬸是房東，應該說是我的家才對啊。」

「是的，你說得對。」傑克搔搔頭，尷尬地笑道，「不過，自從**吸血鬼老人***一案之後，我就常常想起他，難得來到，就想看看私家偵探的家是甚麼樣子罷了。」

「哼！私家偵探有甚麼了不起。」愛麗絲不屑地說，「他上個月的租金還未交呢！」

傑克對大偵探**欠租**的事也略有所聞，為免掃興，馬上**轉換話題**：「對了，快介紹你的嬸嬸給我認識吧。媽媽託我把一份禮物送給她，以答謝她接待我小住幾天呢。」

「好呀！快進去吧！我還未告訴嬸嬸，明天要與你一起去**海灘**玩呢！」愛麗絲說完，就**興高采烈**地拉着傑克走進了屋內。

半個小時後，愛麗絲與傑克坐在樓梯口，**垂頭喪氣**地歎道：「沒想到……竟被嬸嬸一口拒絕……」

「她不是說只要有**大人**陪同就行嗎？」傑克說，「我們可以去找一個大人一起去呀。」

「唉……我在倫敦認識的大人就只有嬸嬸。況且，去哪兒找一個**遊手好閒**的大人啊。」

「甚麼？又要我幫你墊付租金？」突然，樓上傳來了一個不滿的聲音。

「唔？這聲音好熟，難道是**華生醫生**？」傑克見過華生，馬上就認出來了。

「**一言驚醒夢中人**！」愛麗絲霍地站起來，「對！找華生醫生不就行了？」

「但明天是星期五，他不用為病人診症嗎？」傑克問。

「甚麼？明天不是星期六嗎？」愛麗絲又一屁股坐回梯級上，失望地說，「太慘了，惟一的希望也幻滅了。」

「**他**呢？不可以找他嗎？」傑克提醒。

「他？你說的是？」愛麗絲想了想，又霍地站起來，「怎麼我沒想到他呢？在整條貝格街之中，惟一**遊手好閒**的大人就是他呀！」

「休想！」愛麗絲提出請求後，**懶洋洋**地坐在沙發上的福爾摩斯一口拒絕。

*有關吸血鬼老人一案，請參閱《大偵探福爾摩斯㊱吸血鬼之謎 II》。

「我最討厭曬太陽，你請我去咖啡室喝咖啡的話，還可以考慮一下。」福爾摩斯斜眼看了看愛麗絲，**愛理不理**地說。

「是嗎？」愛麗絲也不示弱，立即攤開手掌說，「這個月的**租金**呢？有着落了嗎？」

「去問華生拿吧。」福爾摩斯閉上眼睛擺擺手，「他答應了墊付。」

「華生醫生，真的嗎？」愛麗絲悄悄地向華生**遞了個眼色**。

華生意會，馬上一個閃身下樓去了。

「咦？華生醫生呢？剛才明明還在呀，怎麼忽然不見了？」愛麗絲**裝模作樣**地說。

「甚麼？」福爾摩斯**赫然一驚**，幾乎從沙發上滾了下來。

「交租。」愛麗絲無情地再攤大手掌。

「這……」

「還是去**曬太陽**？」

「甚麼？」

「去曬太陽的話，可以**寬限**一個月。」

「這個嘛……」

「怎樣？陪我們去海灘玩的話，可解**燃眉之急**啊。」愛麗絲**老氣橫秋**地說。

「這……算了，看在傑克爸爸的份上，就陪你們去吧。」雖然萬般不願意，福爾摩斯最終還是答應了。

可是，翌晨，當三人拿着沙灘用品步出家門時，卻被突然閃出的**小兔子**攔住了。

「去哪裏？」小兔子問。

「去——」

「去辦事！」未待福爾摩斯說完，愛麗絲馬上搶道。

「辦甚麼事？」

「辦**正經事**！」

「辦甚麼正經事？」

「你別管！」愛麗絲扔下這麼一句，就匆匆忙忙地拉着傑克和福爾摩斯登上了早已準備好的**馬車**。

「太驚險了！」愛麗絲鬆了一口氣，「傑克，你不知道，剛才那個小屁孩很麻煩，要是給他知道我們去海灘玩，一定會**厚着臉皮**跟來！」

「哈！原來去海灘辦正經事嗎？」一個聲音忽然響起。

「**哇！**」愛麗絲大吃一驚，她定睛一看，發現小兔子不知何時已坐在福爾摩斯身旁。

「傑克，幸會。」小兔子笑嘻嘻地自我介紹，「在下小兔子，是貝格街少年偵探隊的**隊長**，請多多指教。」

「多多指教。」傑克慌忙尷尬地應道。

「哼！」愛麗絲已被氣得**七孔生煙**。

到了海灘，愛麗絲與傑克換上泳衣，立即就奔進海中游泳去了。不懂水性的小兔子就像**脫韁野馬**般，一會兒跑去拾貝殼，一會兒吵着要吃雪糕，福爾摩斯被他弄得暈頭轉向，不一會已**筋疲力盡**地躺在太陽傘下的沙灘椅上休息了。可是，他剛闔上眼，愛麗絲和傑克已全身濕透地跑了回來。

「傑克，玩**堆沙城堡**的時間到了，你準備好了嗎？」愛麗絲興致勃勃地問。

「當然準備好了。我們來個比賽，在限時內堆出體積較大者勝！」

「嘿嘿嘿，玩堆沙城堡嗎？」在旁的小兔子聽到，**大言不慚**地說，「哪用比賽啊，一定是我贏。」

「贏甚麼？我們沒有邀請你玩啊！」愛麗絲冷冷地說。

「哇哈哈！不讓我玩？原來有人怕輸呢！」

「甚麼？我怕輸？」愛麗絲給惹火了，「好！就讓你參加，叫你嚐嚐**慘敗**的滋味！」

「那麼，我數一二三，馬上開始吧。」傑克為免兩人再次爭執，慌忙提議。

「好！數吧！」小兔子紮穩馬步，擺出一副**嚴陣以待**的架勢。

「一、二、三，開始！」

一聲令下，三人一屁股坐在沙上，立即堆起城堡來。

福爾摩斯半闔着眼看了看亢奮的三人，自言自語地說：「終於可以安靜一會了。」就在這時，他的眼尾瞥見**一個小孩**在不遠處徘徊。但由於小孩背光，只浮現出一個輪廓清晰的剪影。

福爾摩斯不以為意，矇矇矓矓地闔上眼睛。不一刻，他已「呼嚕呼嚕」地打起鼻鼾來，陷入了**熟睡**之中。

過了半個小時左右，小兔子突然大叫：「哇哈哈！完成！」

「我也完成了！」愛麗絲與傑克也不約而同地叫道。

「看！這就是本人的**傑作**了！」小兔子指着自己的城堡嚷道。

愛麗絲兩人一看，登時呆了。

「怎樣？太厲害了，看得你們目瞪口呆吧？」小兔子**自鳴得意**。

「這……這不是**一坨屎**嗎？」傑克不敢相信自己的眼睛。

「哈哈哈，還以為是甚麼，原來只是一坨屎！」愛麗絲不禁大笑。

「別胡說！」小兔子慌了，「這是**響螺城堡**，不是一坨屎！」

「傑克，別管他，還是看看我們的城堡吧。」愛麗絲把小兔子扔在一旁，指着自己的作品說，「你看，我的城堡比你的要大吧？」

「我的也不小啊。看來要量一量才能**分勝負**呢。」

「好呀，你和我的城堡都是用模具堆成的，兩者雖然邊長不一，但**左右對稱**，整體闊度又一樣，都是10cm。」

「還有，城堡上的洞口分別是標準的圓形和半圓形呢。」傑克說。

愛麗絲用早已準備好的尺子左量量右量量，很快就得出城堡的不同邊長，卻還是不知道該怎樣計算整體的體積。

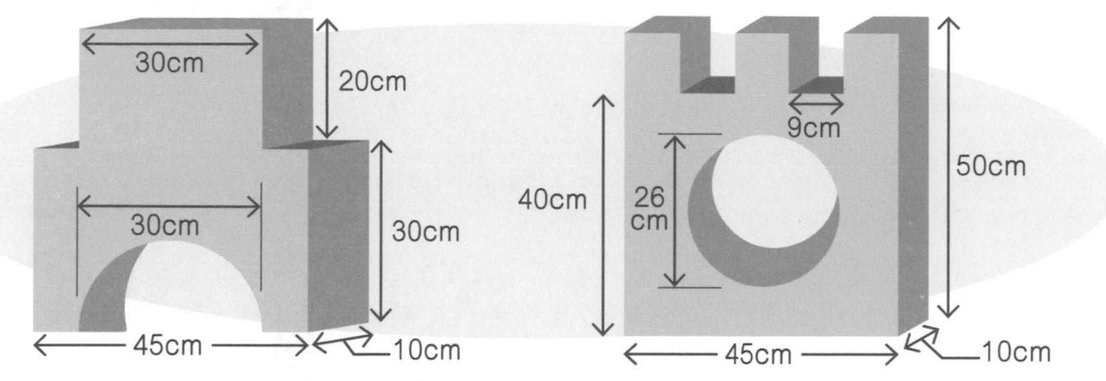

「喂喂喂！我這個城堡呢？不量量嗎？」小兔子不滿地嚷道。

「我們才沒空量一坨屎呢。」愛麗絲不屑一顧地說。

「哼！你們也沒甚麼了不起啊。」小兔子故意嘲諷，「兩個城堡也只是幾個堆起來的方塊罷了，實在太難看啦！」

「甚麼？你知道要把沙粒堆成圓柱體的洞口有多困難嗎？」愛麗絲大聲反擊。

「甚麼長方體、圓柱體的，太無聊啦！」

「哎呀，安靜一點可以嗎？真是想睡一會也不行。」被吵醒了的福爾摩斯罵道。

「咦？福爾摩斯先生，你醒了？」愛麗絲靈機一觸，「可以教我們怎樣計算出體積嗎？」

福爾摩斯瞄了一眼兩個城堡，說：「看似複雜的東西，只要逐一拆開來看，就會發現其實很簡單。此外，計算圓形面積的公式是『$(\text{半徑})^2\pi$』，其中 π 可以作 3.14 計算，這麼簡單也不懂嗎？」

「呀，我想起來了，算術課教過！」愛麗絲馬上撿起一根樹枝，在沙上飛快地寫下了一串算式。

難題①：兩個城堡皆由不同形狀的立體組成，只要逐一獨立計算，再把各個部分的體積加起來，就能得出答案了。不過，要注意凹陷和圓洞等部分啊。對了，故事中還沒說愛麗絲和傑克堆的是哪個城堡，也沒說到底誰贏了呢。你知道答案嗎？不知道的話，請看 p.55 吧。

「怎樣？誰贏？」傑克緊張地問。

「你猜猜看。」愛麗絲神秘地一笑，「不過，我可以告訴你的是—— A比J要大呢！」

「好了，分出了勝負的話就不要再擾人清夢啦。」福爾摩斯說着，正想闔上眼睛時，忽然一個小孩的身影在他眼前跑過，「砰」的一下踢散了愛麗絲的城堡，頭也不回地跑走了。他認得，那身影和剛才在不遠處徘徊的身影是同一人。

「哎呀！我的城堡！」愛麗絲驚叫。

「哇哈哈！爛了！爛了！爛城堡比我那坨屎更

難看呢！」小兔子趁機**幸災樂禍**。

「豈有此理！太可惡了！我要抓住那個小屁孩，叫他**下跪**道歉！」愛麗絲**怒火中燒**，她用力一蹬，就往那個已跑遠了的小孩追去。

「喂！等等！」福爾摩斯和傑克生怕愛麗絲惹出禍端，慌忙起身追去。

「哇哈哈！有戲看了！有戲看了！」小兔子興奮得大叫大跳，也跟着跑去看熱鬧了。

可是，那個小孩跑得很快，轉眼之間，他已消失得**無影無蹤**。

「豈有此理！跑去了哪裏？」愛麗絲四處張望，氣得直跺腳。

「哎呀，只是沙城堡罷了，可以再堆過呀。」追趕而至的福爾摩斯向愛麗絲安慰道。

「不行！那小屁孩太**無禮**了！我要他道歉！」

一個在**擺攤子**的瘦削男人聽到他們的對話，就走過來說：「這位小妹妹，你是不是想找一個剛剛跑過的頑童？」

「是呀，他跑到哪去了？」愛麗絲緊張地問。

「稍安毋躁。」瘦削男人說，「我名叫亞道鼠，是個畫家，你只須付 **10 便士**，來玩一個猜面積的遊戲又勝出的話，我便告訴你那頑童在哪裏！」

「甚麼？我現在要抓人，哪有心情玩遊戲啊！」

「不玩嗎？那麼就拉倒。」亞道鼠聳聳肩說。

「這！」愛麗絲氣得急了，就掏出 10 便士說，「好吧！玩就玩！」

「是嗎？那麼請移玉步。」亞道鼠領着愛麗絲，走到他的攤子前說，「這兒有幅畫，全都是由**直角等腰三角形**的玻璃圖案組成的，你能算出它們的**總面積**嗎？」

1cm

1cm

傑克悄悄地向站在一旁的福爾摩斯問：「那個畫家好像有點**古古怪怪**的，要阻止愛麗絲嗎？」

「不，先靜觀其變，如果他是個騙子，待會當場**揭穿**他。」福爾摩斯說。

「總面積嗎？」愛麗絲看着那幅色彩斑斕的玻璃畫，不禁皺起眉頭。

「呵呵呵，一隻**小龜**走失了，**大龜**急得團團轉！」小兔子故意在旁唱起兒歌來干擾，「小龜小龜快回家，快回家！快回家！大龜變小龜、小龜變大龜，1 隻變 2 隻，2 隻變 4 隻，4 隻變 8 隻！**變變變**！」

「閉嘴！」愛麗絲被吵得**心煩意亂**，「人家在算數，你可以安靜一點嗎？」

「嘻嘻嘻，我只是唱歌為你打氣罷了。」小兔子嬉皮笑臉地說。

「對，小兔子為你打氣罷了。」福爾摩斯一笑，然後**別有所指**地遞了個眼色，「而且，他說 1 隻變 2 隻，2 隻變 4 隻，4 隻變 8 隻，確實是有點道理啊。」

「啊？」一言驚醒夢中人，愛麗絲慌忙望向那幅畫，自言自語地說，「**直角等腰三角形**……1 變 2，2 變 4，4 變 8……」

難題②：畫中所有三角形都是直角等腰三角形，而最小那個三角形的邊長是 1cm。那麼，愛麗絲是怎樣從小兔子的說話中得到啟發而算出答案的？此外，玻璃畫圖形的總面積又是多少呢？答案在 p.55。

「對，變變變，大龜變小龜，小龜變大龜，變出一隻不懂算數的大烏龜！」小兔子以譏諷的腔調繼續唱。

「哈！小兔子你**真夠朋友**，我知道答案了！」愛麗絲大笑一聲，向亞道鼠說出了答案。

「好厲害，這麼快就給你答對了。」亞道鼠稱讚道，「我告訴你吧，那個小頑童就在左前方的那所**小木屋**內，你自己去找他。」

「好！就讓我去把他找出來！」愛麗絲怒目一瞪，正想往那小木屋跑去時，有 5 個**身高**和**長相**都差不多的**小孩**從屋子步出，還往這邊走來。

「啊？」福爾摩斯和傑克不禁詫然。

憤怒的愛麗絲一個箭步衝前，高聲問道：「說！是誰把我的城堡踢爛的？」

5 個小孩被**嚇了一跳**，不知如何是好。

亞道鼠連忙趨前道：「喂！小妹妹，你不認得那個頑童嗎？可不能**嚇唬**這些小朋友啊。」

「但他們當中有一個是我要找的**頑童**呀！」愛麗絲不忿地說。

「為抓 1 人就嚇唬另外 4 人嗎？不公平啊。」亞道鼠並不退讓。

福爾摩斯看了看 5 個小童，忽然冷笑道：「嘿嘿嘿，騙徒真有兩下子，故意讓那個頑童混進 4 個**一模一樣**的小童當中，就算被人發現了，也無法分辨出誰是犯人呢。不過，愛麗絲，你不用質問了，我知道是誰。」

「真的？」愛麗絲大喜，「是哪個？」

「**就是他！**」福爾摩斯大手一指，指着其中一個小童說。

難題③：我所指的是哪一個小孩呢？請對照 p.50 的剪影，嘗試找出那個小孩吧。答案在 p.55。

聽到福爾摩斯這麼說，亞道鼠慌了，連忙搶道：「別**含血噴人**！你怎知道他就是那個頑童？」

「嘿嘿嘿……」我們的大偵探狡黠地一笑，「我不但知道，還知道他是與你**一夥**的呢。」

「**不！**」突然，那個小童叫道，「我們不是一夥的，我不認識他！」

「小小年紀，居然還要**狡辯**。」福爾摩斯說，「剛才我在曬太陽時，看到你在不遠處徘徊，一直看着愛麗絲他們。不是你的話，還會是誰？」

「我——」小童吃了一驚，看了看亞道鼠，不知如何是好。

「看來我說對了，他們果然是**一夥**的呢。」

「可是，他們為甚麼要這樣做？」一直在旁沒作聲的傑克問。

「還用問嗎？當然是**騙錢**啦。」福爾摩斯說出箇中竅妙，「這個小童負責搞破壞，並故意經過亞道鼠的**攤子**逃進小屋內。然後，亞道鼠就**誘使**追捕者玩遊戲，說勝出了就提供小童所在的情報。其實，不管追捕者勝出與否，他已騙得 **10 便士**了。」

「**不！**是我不好！」那小童又叫道，「全是我不好，是我貪玩，踢爛這位姐姐的城堡。你們**處罰**我吧。」

「不！是我不好！是我踢的！」突然，另一個小童衝前叫道。

「不！是我！不是他們！」

「不！是我！我才是！」

「不！別聽他們的，是我才對！」

「不！是我！」

5 個小童你一言我一語，搞得大偵探等人也**暈頭轉向**。

「算了，你們不要爭着認罪了。」亞道鼠制止 5 個小童說下去。

他滿面羞愧地向福爾摩斯說：「他們都是我的兒子，是 **5 胞胎**，所以長得**一模一樣**。我在這裏擺攤子賣玻璃畫多年，但最近**經濟不景**，很少人光顧，所以……唉，我只能出此下策，利用兒子們騙點生活費。你們要抓的話，就抓我吧。」

「不！**他不是我爸爸！**」

「對，他不是！」

「我不認識他！」

「他不是，不要抓他！」

「他不是爸爸，請你們不要抓他！嗚……嗚……」

5 個小孩叫着叫着，突然嗚咽起來，變得**泣不成聲**了。

福爾摩斯和愛麗絲等人**面面相覷**，不知如何是好。

「哇哈哈！」一直在看熱鬧的小兔子，突然跳出來笑道，「愛麗絲沒被騙啦！她不是玩了一個 10 便士的遊戲嗎？她玩得那麼開心，至少值 **20 便士**啊，大家認為對嗎？」

「啊……」愛麗絲呆了半晌。

最後，她看了看嬉皮笑臉的小兔子，終於**若有所悟**地說：「是的，那遊戲真的很好玩，確實值 10 便士。可是，我那城堡……」

「哈哈哈，你那城堡根本就**難看極了**，連我也想一腳把它踢爛呢！不捨得的話，就把我的傑作送給你吧！」說完，小兔子扮了個**鬼臉**拔腿就逃。

「豈有此理！趁我稍為鬆懈就**大放厥詞**！誰稀罕你**那坨屎**！」愛麗絲邊罵邊追去。

「他們……」亞道鼠看着兩個嬉嬉鬧鬧的身影遠去，不禁眼泛淚光。

「哥哥、姐姐，謝謝你們啊！」5個小孩也**化悲為喜**，大聲向着兩人的背影喊謝。
「小兔子和愛麗絲他們真的是……」傑克看到此情此景，也感動得說不出話來。
「是啊，好一對**歡喜冤家**，真的是叫人哭笑不得呢。」福爾摩斯**莞爾一笑**。

答案

難題① 左面的城堡中，紅色部分長 30cm，闊 10cm，高 20cm，所以體積
$=30\times10\times20$
$=6000cm^3$
黃色部分是半圓柱體，直徑是 30cm，半徑就是 $30\div2=15cm$，闊度是 10cm。
所以黃色部分的體積
$=15^2\pi\div2\times10$
$=15\times15\times3.14\div2\times10$
$=225\times3.14\div2\times10$
$=3532.5cm^3$
藍色部分的體積
= 整個長方體－黃色部分
$=45\times10\times30-3532.5$
$=13500-3532.5$
$=9967.5cm^3$
所以左面城堡的體積是
=6000（紅色部分）+9967.5（藍色部分）
$=15967.5cm^3$
至於右面的城堡因左右對稱，兩個凹位（粉紅色部分）的體積一樣，
長 =9cm，闊 =10cm，高 $=50-40=10$ cm，
故此粉紅色部分的體積 $=(9\times10\times10)\times2=1800cm^3$
中間的圓洞是圓柱體，直徑是 26cm，即半徑是 $26\div2=13cm$；
而闊度是 10cm，所以圓洞的體積
$=13^2\pi\times10\quad=13\times13\times3.14\times10\quad=169\times3.14\times10\quad=5306.6cm^3$
所以右面城堡的體積
$=50\times45\times10$（整個長方體）-1800（粉紅色部分）-5306.6（圓洞）
$=22500-1800-5306.6$
$=15393.4cm^3$。
此外，愛麗絲說的「A」就是「Alice」（愛麗絲），而「J」就是「Jack」（傑克）。這除了是指愛麗絲的城堡比傑克的大，也是指撲克牌遊戲中「A」比「J」大的規則。因此，左面的城堡是愛麗絲的，右面的城堡是傑克的。

難題② 由於畫中所有三角形皆是直角等腰三角形，所以它們的對稱軸會將它們各自分成兩個相等的直角等腰三角形（小兔子說「1變2，2變4，4變8」就是這個意思）。如圖畫上虛線，最後會發現畫作可分成 47 個面積一樣的小三角形。
小三角形的面積
$=1\times1\div2$
$=0.5cm^2$
因此，圖案的總面積是 $0.5\times47=23.5cm^2$。

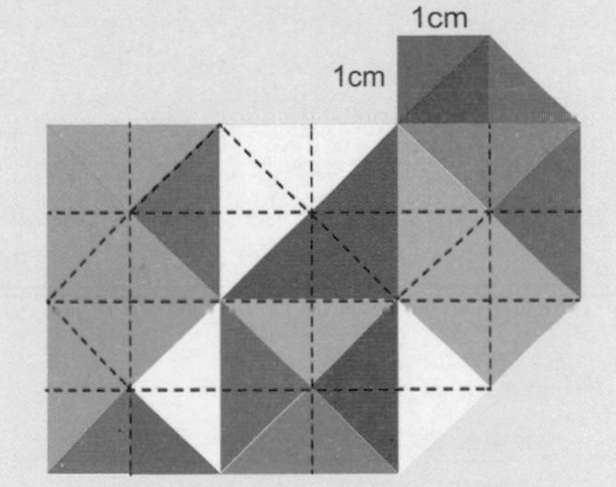

難題③ 只要看他們的帽子就知道，其中 4 人戴的是六角帽，只有 1 人戴八角帽，而剪影的小童也是戴八角帽的。所以，戴八角帽的小童就是愛麗絲要找的頑童了。

難題④ 因為 5 個小童的衣服都有直角等腰三角形圖案，而玻璃畫正是由直角等腰三角形組成的，兩者必有關連。故此，福爾摩斯就推測小童與亞道鼠是一夥的了。

KC天文教室

星空任我行

梁淦章工程師
香港天文學會
太空歷奇

初學者要辨認星座，先要學用星圖，這跟看地圖有些相似。

三維球面地形展開成二維的平面地圖

地圖是為了定位而在地球表面加上人為的經緯度，將由上空向下所見的地形製成的平面圖。

北
西
東
南
北
西
東
南

星圖則是把從地面望向天上所見的天體，投影在一個以地球為中心的假想球面上（稱為天球，見下圖），再像地圖般把天球展開成二維的星圖。星圖上也有經緯度來標示天體的位置。

天球概念

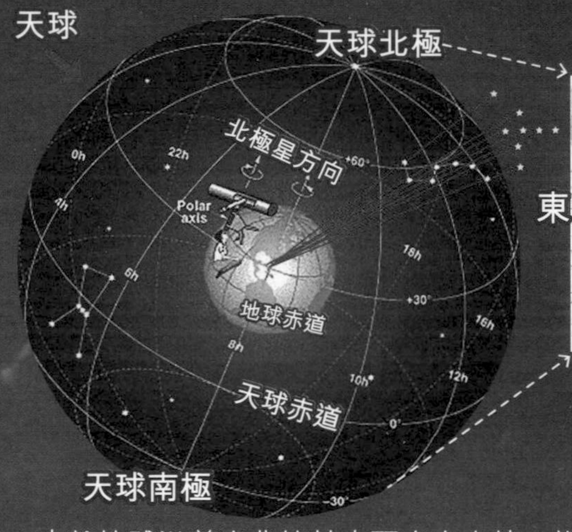

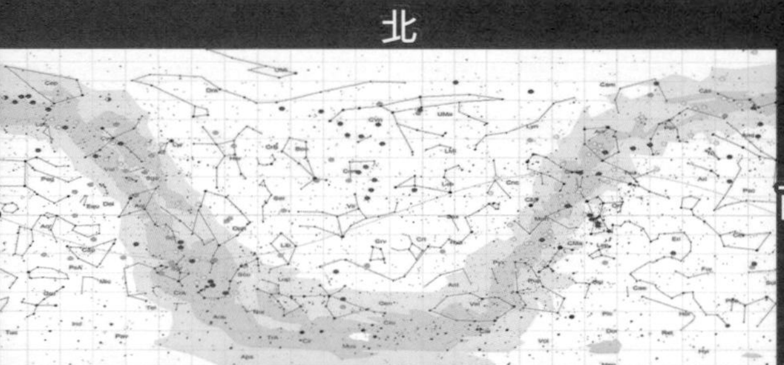

credit: Jim Cornmell

星空東升西落現象

由於地球沿着南北地軸由西向東自轉，故此所有天體包括太陽、月球、行星、恒星等都由東方升起，西方落下，此現象稱為「周日運動」。傳統的旋轉星圖能表達此現象，幫助我們瞭解天體在夜空中移動的規律。

旋轉星圖 DIY

可到香港太空館下列網址下載紙樣動手製作。

https://hk.space.museum/
▶網上資源 ▶下載製作紙 ▶ 旋轉星圖

四季星圖

傳統星圖還可分為全天星圖、每月星圖、四季星圖等，當中以四季星圖最方便於初學者。當掌握旋轉星圖中星空東升西降的規律，就可用春、夏、秋、冬4張星圖順序來觀賞入黑至天亮的整夜星空。

https://hk.space.museum/
▶網上資源 ▶星圖及月面圖下載

注意地圖上的東南西北是順時針，星圖上的則是逆時針。使用星圖時我們要把星圖朝天，然後把星圖上的東南西北與地面的東南西北對齊。

電子星圖手機版——觀星 App

雖然紙本星圖能幫助我們認識天球概念，尋找天體位置，但應用上不及現時非常流行的「觀星 App」具備那麼多功能。只要有一部手機，就能安裝電子星圖。它除了是觀星的好幫手外，更能提供多樣化的天文知識。

星夜行（香港太空館設計及提供）

這電子星圖非常適合初學者。其最大特色是可把西方 88 個星座和圖案轉換成中國古星圖和圖案（三垣二十八宿），另外亦提供每個西方星座和中國三垣二十八宿的故事。

使用說明

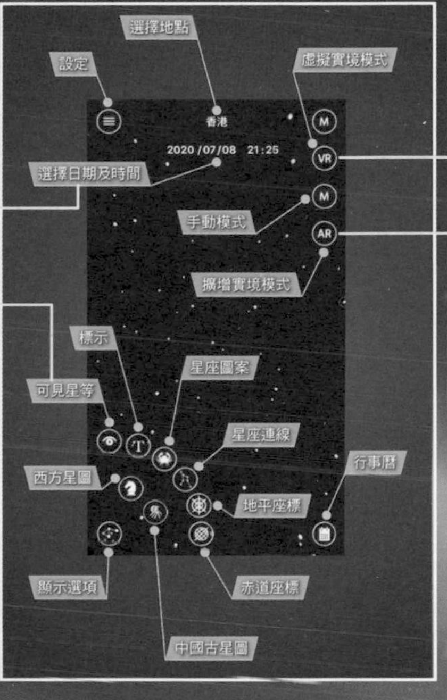

可自由選擇特定日期以回顧過去或預視將來的特殊天象。

最暗星等為 6 等。

VR 自動模式：
利用手機的定位與指向，能即時模擬手機指向所屬天區的星座及天體。

AR 自動模式：
配合手機的攝影功能，將之加強為擴增實況，即時顯示所攝範圍內的星座及天體分佈。

（資料來源：香港太空館）

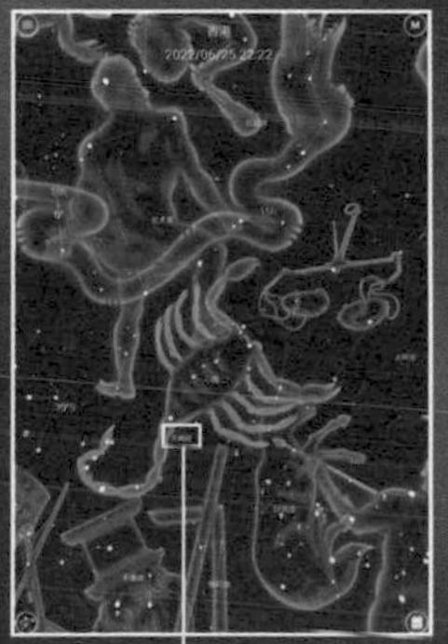

點擊西方或中國星座圖中的星座，便可閱讀有關介紹，並可選擇聲音導播。

穿梭時空，星野任我行

「星夜行」的選擇特定時間和 AR 功能對天文攝影特別有用。例如今年 6 月 24 日的五星連珠（水星、金星、月球、火星、木星）可利用觀星 App 預演天象的方位及相機的指向。這樣正式拍攝時，就萬無一失了，大家也可以試一試。

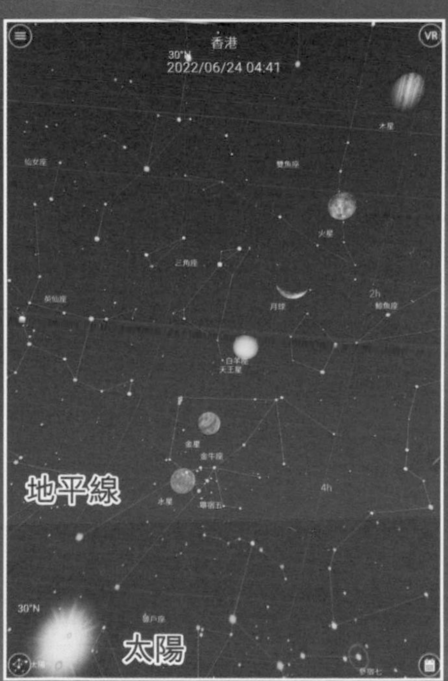

攝影者：鄧銳禎

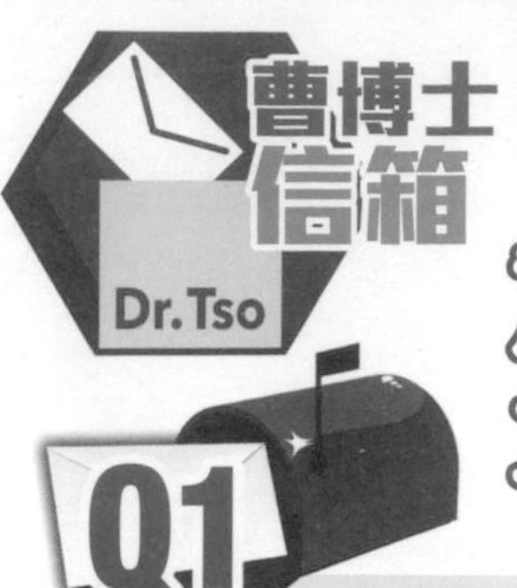

香港中文大學
生物及化學系客席教授
曹宏威博士

Q1 為甚麼蜘蛛絲不會黏住蜘蛛，又不易斷？

Tsang Ming Wai

蜘蛛絲的材料主要有蛋白質，它的分子間連結很強，因此不易斷。至於蜘蛛絲不會黏着蜘蛛的原因有兩個。

首先，蜘蛛網上的絲既有「有黏性」的，也有「沒黏性」的。從網中心向外放射的絲是沒有黏力的，這些蜘蛛絲是蜘蛛織網時首先佈下的基本結構。其後，蜘蛛又在網上佈下一環又一環的蜘網「環圈絲」，那才是有黏力的。

另外，蜘蛛腳末端的結構特別，減少跟蜘蛛網的接觸面積，因此也減少了黏力。

Q2 為何動物的骨頭不會和肉體一起消失？

郭顯樂

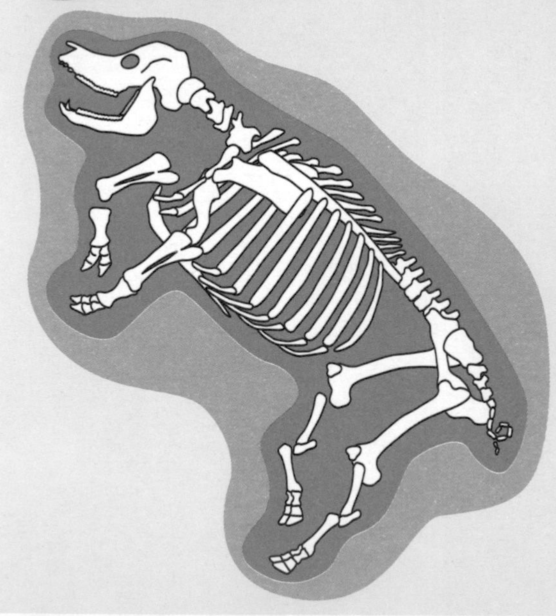

你所指的消失應該是指動物死後，其身體組織的分解和腐化吧？一般來説，動物體外及體內既有本體的分解酶，更有眾多微生物。而微生物也有自己的分解酶，負責消化食物。當動物死後，由於身體機能逐漸停止，那些微生物及各類分解酶就會將肌肉、脂肪等軟組織消化，以致肉體「消失」。

此外，動物屍體亦會引來腐食動物飽餐一頓，昆蟲也來產卵，其孵化出來的幼蟲會哽食屍體維生，但骨頭則無法被吃掉，風化也慢，因此就會留下來一段較長的時間。

不過，骨頭也是由化合物組成，終究還是會腐化的。只是，骨頭表層的磷酸鈣難消化，因此腐化得很慢。

為鼓勵讀者多思考多發問，編輯部將向被選中刊登問題的讀者寄出紀念品一份！

科學Q&A
第一百三十六話 科學露營
漫畫◎李少棠 上色協力◎周嘉詠
劇本◎《兒童的科學》創作組
咔
咔
嘿嘿……
我真聰明，
這樣就沒人能
發現了……
哇哈哈哈哈！

完成！
不錯啊，這邊的煮食爐都搭好了。
快餓壞了，快開始煮晚餐吧！
大家帶了甚麼食材？
上星期雞蛋大特價，我買了很多！
沒過期吧？
怎會過……
好臭！
真的變壞了！
不要緊，一隻壞了而已……

怎會連續六隻
都壞掉了？難道
整盒都是壞的嗎？
嗯

檢查一下
就知道了。
怎樣
檢查？

只要把
雞蛋放進
水中……

啊，
浮起來了！
那就表示雞蛋
已經變壞了。

蛋殼的主要成分是碳酸鈣，
當中實際上並非密封。隨着時間
過去，蛋內的水分會逐漸流失，
外面的空氣便進入蛋內，
令雞蛋的密度下降。
因此雞蛋存放得
越久，其密度
就會越低，一旦
放進水中自然會
浮起。當雞蛋完全
浮在水面，表示
存放時間太久，
已經完全變壞了。

沒蛋吃……就
吃……別的……
不用這麼
傷心吧？

哪有傷心！
我只是在
切洋蔥而已！

話說回來，
為何切洋蔥時
會流淚？
這是有科學
根據的呀。

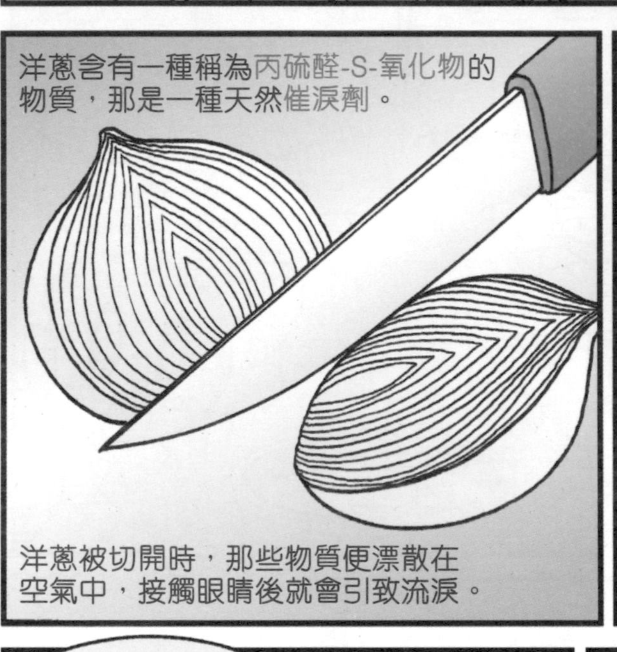
洋蔥含有一種稱為丙硫醛-S-氧化物的
物質，那是一種天然催淚劑。
洋蔥被切開時，那些物質便漂散在
空氣中，接觸眼睛後就會引致流淚。

媽媽說只要
把洋蔥冷藏，
切起來就不會
流淚了。

這是因為洋蔥
冷藏後，可減低
化學反應的速度。
雖然未必能完全
避免症狀出現，
但情況會
大大改善呢。

啊，真的
不流淚了！

媽媽還準備了一些蘋果，大家一起吃吧！
太好了！
咦，怎麼這蘋果切開了那麼久都沒變色的？
因為媽媽加了檸檬汁啊。
你媽媽真厲害，甚麼都懂！這是甚麼原理？
這……我又不太清楚。
這是抗氧化作用。蘋果被切開後接觸到氧氣，就會被氧化而變成啡色。塗上檸檬汁便能防止氧化，蘋果就不會變色了。
另外，浸鹽水也有同樣效果啊。
原來如此！
你在煮甚麼啊？
咖啡。

你要喝嗎？
咖啡很苦的，
我才不要！
這是特別配方，
不苦的。
特別
配方？
我加了鹽呀。
竟然
是鹽？
咖啡的苦澀味主要來自
一種名為單寧酸的物質，
而鹽能夠中和這味道，
令咖啡容易入口。
我也想試！
不行。
咖啡含有咖啡因，
小朋友還是
喝果汁吧。
嗚……
好吧。
乾杯！

廁所
在哪……
那不是Mr.A嗎？
他在幹甚麼？
小Q你等着瞧
吧！嘿嘿！
小Q快醒醒！
Mr.A好像想
對你不利啊！
甚麼……
他剛才說
「小Q你
等着瞧」，
肯定有陰謀！
唔，就看看
他想幹甚麼
吧。
乞……
乞……
呀！

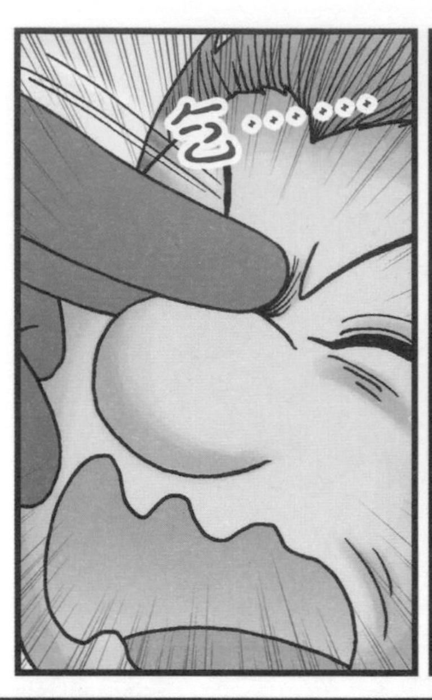

打噴嚏時，
喉嚨和胸口肌肉擠壓，
使空氣經由鼻孔和口腔
噴發出體內的異物。

噴嚏可分為兩個階段，
第一階段是鼻腔傳送
訊號到腦部的感覺
階段，數秒後就到
腦部指示呼吸系統
作出反應的
第二階段。

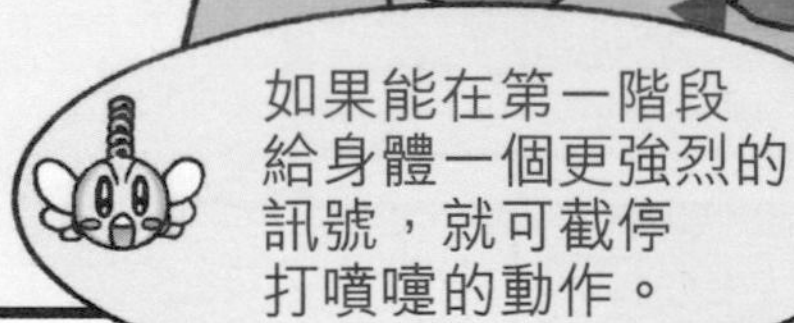

小松開電筒照亮
洞內，然後我和
大剛立即衝進去
制服Mr.A！
晴晴就在
洞口把風！

我數三聲，
你就行動吧！

甚麼？

我說我數
三聲——

有人在外面！
是大剛？即是說
小Q也在？
糟糕，
被發現了！

但這裏一片漆黑，
只要趁他們進來時
逃出去就行。
為免被發現，
先拿走那東西吧。

小松，
快開電筒！
嗯……
啊！

我忘了裝
電池啊！

我帶了
後備電池。
可是我需要的
是AA電池，
不是AAA啊。

沒問題，
交給我吧！

只要用導電的物體如錫紙，如圖把電池
連接起來，做成一個完整電路就可通電。

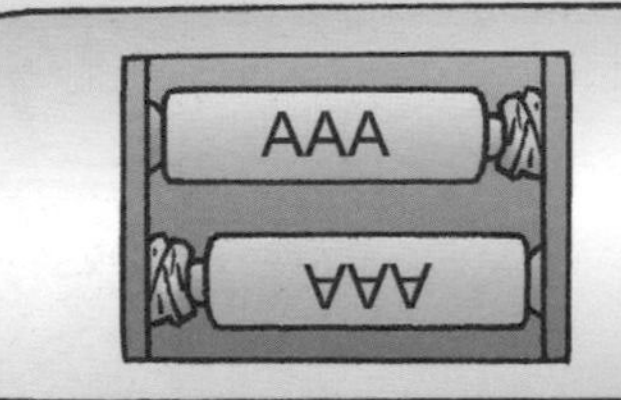

因為兩種電池的
電壓相同 (1.5V)，
所以能夠通電。
不過AAA電池的
電流較小，這方法
只作為權宜之計，
不可完全取代AA電池。

雖然電池的電壓較小，
相對安全，但使用
這方法時也要注意
有沒有異常呢。

哇！好光，好漂亮！
因為水會令
光線散射到四周，
就能將電筒
變成一盞照亮範圍
更廣的燈了！
啊——
找到
你了！
你究竟有
甚麼陰謀，
快說！
怎……
怎會……
那些是
宇宙巡邏隊的
告票罰單吧？
難道你想藏起來
不交罰款？
罰款告票
$2000
啊，
不……
你過期還未
繳交罰款，
這是你的
追加告票。
可惡呀！
哈哈哈！
記得準時
交罰款啊！
$3000
～完～

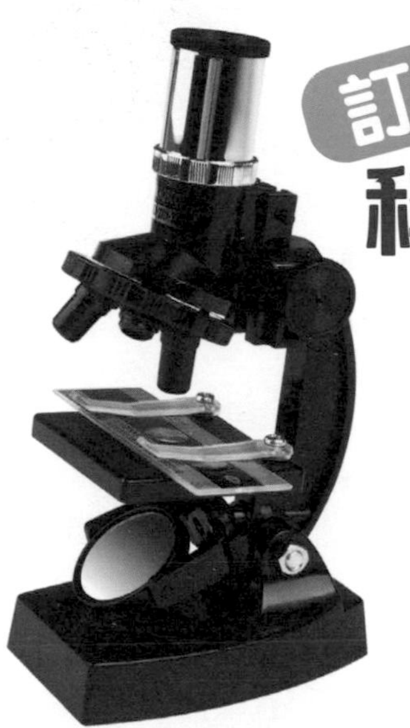

訂戶換領店選擇

書報店

九龍區		店鋪代號
新城	匯景廣場 401C 四樓（面對百佳）	B002KL
偉華行	美孚四期 9 號舖（潮豐側）	B004KL

香港區	店鋪代號
西環德輔道西 333 及 335 號地下連閣樓	284
西環般咸道 13-15 號金寧大廈地下 A 號舖	544
干諾道西 82- 87 號及修打蘭街 21-27 號海景大廈地下 D 及 H 號舖	413
西營盤德輔道西 232 號地下	433
上環德輔道中 323 號西港城地下 11,12 及 13 號舖	246
中環閣麟街 10 至 16 號致發大廈地下 1 號舖及天井	188
中環民光街 11 號 3 號碼 頭 A,D & C 舖	229
金鐘花園道 3 號萬國寶通廣場地下 1 號舖	234
灣仔軒尼詩道 38 號地下	001
灣仔軒尼詩道 145 號安康大廈 3 號地下	056
灣仔灣仔道 89 號地下	357
灣仔駱克道 146 號地下 A 號舖	388
銅鑼灣駱克道 414, 418-430 號 律德大廈地下 2 號舖	291
銅鑼灣堅拿道東 5 號地下連閣樓	521
天后英皇道 14 號僑興大廈地下 H 號舖	410
天后地鐵站 TIH2 號舖	319
炮台山英皇道 193-209 號英皇中心地下 25-27 號舖	289
北角七姊妹道 2,4,6,8 及 8A, 昌苑大廈地下 4 號舖	196
北角電器道 233 號城市花園 1, 2 及 3 座 平台地下 5 號舖	237
北角堡壘街 22 號地下	321
鰂魚涌海光街 13-15 號海光苑地下 16 號舖	348
太古康山花園第一座地下 H1 及 H2	039
西灣河筲箕灣道 388-414 號逢源大廈地下 H1 號舖	376
筲箕灣愛東商場地下 14 號舖	189
筲箕灣道 106-108 號地下 B 舖	201
杏花邨地鐵站 HFC 5 及 6 號舖	342
柴灣興華邨和興樓 209-210 號	032
柴灣地鐵站 CHW12 號舖 (C 出口)	300
柴灣小西灣道 28 號藍灣半島地下 18 號舖	199
柴灣小西灣邨小西灣商場四樓 401 號舖	166
柴灣小西灣商場地下 6A 號舖	390
柴灣康翠臺商場 L5 樓 3A 號舖及部份 3B 號舖	304
香港仔中心第五期地下 7 號舖	163
香港仔石排灣道 81 號兆輝大廈地下 3 及 4 號舖	336
香港華富商業中心 7 號地下	013
跑馬地黃泥涌道 21-23 號浩利大廈地下 B 號舖	349
鴨脷洲海怡路 18A 號海怡廣場 (東翼) 地下 G02 號舖	382
薄扶林置富南區廣場 5 樓 503 號舖 "7-8 號檔 "	264

九龍區	店鋪代號
九龍碧街 50 及 52 號地下	381
大角咀港灣豪庭地下 G10 號舖	247
深水埗桂林街 42-44 號地下 E 舖	180
深水埗富昌商場地下 18 號舖	228
長沙灣蘇屋邨蘇屋商場地下 G04 號舖	569
長沙灣道 800 號香港紗廠工業大廈一及二期地下	241
長沙灣道 868 號利豐中心地下	160
長沙灣長發街 13 及 13 號 A 地下	314
荔枝角道 833 號昇悅商場一樓 126 號舖	411
荔枝角地鐵站 LCK12 號舖	320
紅磡家維邨家義樓店號 3 及 4 號	079
紅磡機利士路 669 號昌盛金舖大廈地下	094
紅磡馬頭圍道 37-39 號紅磡商業廣場地下 43-44 號	124
紅磡鶴園街 2G 號恆豐工業大廈第一期地下 CD1 號	261
紅磡愛景街 8 號海濱南岸 1 樓商場 3A 號舖	435
馬頭圍村洋葵樓地下 111 號	365
馬頭圍新碼頭街 38 號翔龍灣廣場地下 G06 舖	407
土瓜灣土瓜灣道 273 號地下	131
九龍城衙前圍道 47 號地下 C 單位	386
尖沙咀寶勒巷 1 號玫瑰大廈地下 A 及 B 號舖	169
尖沙咀科學館道 14 號新文華中心地下 50-53&55 舖	209
尖沙咀尖東站 3 號舖	269
佐敦佐敦道 34 號道興樓地下	451
佐敦地鐵站 JOR10 及 11 號舖	297
佐敦寶靈街 20 號寶靈大樓地下 A，B 及 C 舖	303
佐敦佐敦道 9-11 號高基大廈地下 4 號舖	438
油麻地文明里 4-6 號地下 2 號舖	316
油麻地上海街 433 號興華中心地下 6 號舖	417
旺角水渠道 22,24,28 號安豪樓地下 A 舖	177
旺角西海泓道富榮花園地下 32-33 號舖	182
旺角彌街 43 號地下及閣樓	208
旺角亞皆老街 88 至 96 號利豐大樓地下 C 舖	245
旺角登打士街 43P-43S 號鴻輝大廈地下 8 號舖	343
旺角洗衣街 92 號地下	419
旺角豉油街 15 號萬利商業大廈地下 1 號舖	446
太子道西 96-100 號地下 C 及 D 舖	268
石硤尾南山邨南山商場大廈地下	098
樂富中心 LG6(橫頭磡南路)	027
樂富港鐵站 LOF6 號舖	409
新蒲崗寧遠街 10-20 號渣打銀行大廈地下 E 號	353
黃大仙盈福苑停車場大樓地下 1 號舖	181
黃大仙竹園邨竹園商場 11 號舖	081
黃大仙龍蟠苑龍蟠商場中心 101 號舖	100
黃大仙地鐵站 WTS 12 號舖	274
慈雲山慈正邨慈正商場 1 平台 1 號舖	140
慈雲山慈正邨慈正商場 2 期地下 2 號舖	183
鑽石山富山邨富信樓 3C 地下	012
彩虹地鐵站 CHH18 及 19 號舖	259
彩虹村金碧樓地下	097
九龍灣德福商場 1 期 P40 號舖	198
九龍灣宏開道 18 號德福大廈 1 樓 3C 舖	215
九龍灣常悅道 13 號瑞興中心地下 A	395
牛頭角淘大花園第一期商場 27-30 號	026
牛頭角彩德商場地下 G04 號舖	428
牛頭角彩盈邨彩盈坊 3 號舖	366
觀塘翠屏商場地下 6 號舖	078
觀塘秀茂坪十五期停車場大廈地下 1 號舖	191
觀塘協和街 101 號地下 H 舖	242
觀塘秀茂坪寶達邨寶達商場二樓 205 號舖	218
觀塘物華街 19-29 號	575
觀塘牛頭角道 305-325 及 325A 號觀塘立成大廈地下 K 號	399
藍田茶果嶺道 93 號麗港城中城地下 25 及 26B 號舖	338
藍田匯景道 8 號匯景花園 2D 舖	385
油塘高俊苑停車場大廈 1 號舖	128
油塘邨鯉魚門廣場地下 1 號舖	231
油塘油麗商場 7 號舖	430

新界區	店鋪代號
屯門友愛村 H.A.N.D.S 商場地下 S114-S115 號	016
屯門置樂花園商場地下 129 號	114
屯門大興村商場 1 樓 54 號	043
屯門山景邨商場 122 號地下	050
屯門美樂花園商場 81-82 號地下	051
屯門青翠徑南光樓高層地下 D	069
屯門建生邨商場 102 號舖	083
屯門翠寧花園地下 12-13 號舖	104
屯門悅湖商場 53-57 及 81-85 號舖	109
屯門寶怡花園 23-23A 舖地下	111
屯門富泰商場地下 6 號舖	187
屯門屯利街 1 號華都花園第三層 2B-03 號舖	236
屯門海珠路 2 號海典軒地下 16-17 號舖	279
屯門啟發徑，德政圍，柏苑地下 2 號舖	292
屯門龍門路 45 號富健花園地下 87 號舖	299
屯門寶田商場地下 6 號舖	324
屯門良景商場 114 號舖	329
屯門蝴蝶村熟食市場 13-16 號	033
屯門兆康苑商場中心店號 104	060
天水圍天恩商場 109 及 110 號舖	288
天水圍天瑞路 9 號天瑞商場地下 L026 號舖	437
天水圍 Town Lot 28 號俊宏軒俊宏廣場地下 L30 號	337
元朗朗屏邨玉屏樓地下 1 號	023
元朗朗屏邨鏡屏樓 M009 號舖	330
元朗水邊圍邨康水樓地下 103-5 號	014
元朗谷亭街 1 號傑文樓地舖	105
元朗大棠路 11 號光華廣場地下 4 號舖	214
元朗青山道 218, 222 & 226-230 號富興大廈地下 A 舖	285
元朗又新街 7-25 號元新大廈地下 4 號及 11 號舖	325
元朗青山公路 49-63 號金豪大廈地下 E 號舖及閣樓	414
元朗青山公路 99-109 號元朗貿易中心地下 7 號舖	421
荃灣大窩口村商場 C9-10 號	037
荃灣中心第一期高層平台 C8,C10,C12	067
荃灣麗城花園第三期麗城商場地下 2 號	089
荃灣海壩街 18 號（近福來村）	095
荃灣圓墩圍 59-61 號地下 A 舖	152
荃灣梨木樹村梨木樹商場 LG1 號舖	265
荃灣梨木樹村梨木樹商場 1 樓 102 號舖	266
荃灣德海街富利達中心地下 E 號舖	313
荃灣鹹田街 61 至 75 號石壁新村遊樂場 C 座地下 C6 號舖	356
荃灣青山道 185-187 號荃勝大廈地下 A2 舖	194
青衣港鐵站 TSY 306 號舖	402
青衣村一期停車場地下 6 號舖	064
青衣青華苑停車場地下舖	294
葵涌安蔭商場 1 號舖	107
葵涌石蔭東邨蔭興樓 1 及 2 號舖	143
葵涌邨第一期秋葵樓地下 6 號舖	156
葵涌盛芳街 15 號運芳樓地下 2 號舖	186
葵涌景荔徑 8 號盈暉家居城地下 G-04 號舖	219
葵涌貨櫃碼頭亞洲貨運大廈第三期 A 座 7 樓	116
葵涌華星街 1 至 7 號美華工業大廈地下	403
上水彩園邨彩華樓 301-2 號	018
粉嶺名都商場 2 樓 39A 號舖	275
粉嶺嘉福邨商場中心 6 號舖	127
粉嶺欣盛苑停車場大廈地下 1 號舖	278
粉嶺清河邨商場 46 號舖	341
大埔富亨邨富亨商場中心 23-24 號舖	084
大埔運頭塘邨商場 1 號店	086
大埔安邦路 9 號大埔超級城 E 區三樓 355A 號舖	255
大埔南運路 1-7 號富雅花園地下 4 號舖，10B-D 號舖	427
大埔墟大榮里 26 號地下	007
大圍火車站大堂 30 號舖	260
火炭禾寮坑路 2-16 號安盛工業大廈地下部份 B 地廠單位	276
沙田穗禾苑商場中心地下 G6 號	015
沙田乙明邨明耀樓地下 7-9 號	024
沙田新翠邨商場地下 6 號	035
沙田田心街 10-18 號雲疊花園地下 10A-C,19A	119
沙田小瀝源安平街 2 號利豐中心地下	211
沙田愉翠商場 1 樓 108 舖	221
沙田美田商場地下 1 號舖	310
沙田第一城中心 G1 號舖	233
馬鞍山耀安邨耀安商場店號 116	070
馬鞍山錦英苑商場中心低層地下 2 號	087
馬鞍山富安花園商場中心 22 號	048
馬鞍山頌安邨頌安商場 1 號舖	147
馬鞍山錦泰苑錦泰商場地下 2 號舖	179
馬鞍山烏溪沙火車站大堂 2 號舖	271
西貢海傍廣場金寶大廈地下 12 號舖	168
西貢西貢大廈地下 23 號舖	283
將軍澳翠琳購物中心店號 105	045
將軍澳欣明苑停車場大廈地下 1 號	076
將軍澳寶琳邨寶勤樓 110-2 號	055
將軍澳新都城中心三期都會豪庭商場 2 樓 209 號舖	280
將軍澳景林邨商場中心 6 號舖	502
將軍澳厚德邨商場（西翼）地下 G11 及 G12 號舖	352
將軍澳寶寧路 25 號富寧花園 商場地下 10 及 11A 號舖	418
將軍澳明德邨明德商場 19 號舖	145
將軍澳尚德邨尚德商場地下 8 號舖	159
將軍澳唐德街將軍澳中心地下 B04 號舖	223
將軍澳彩明商場擴展部份二樓 244 號舖	251
將軍澳景嶺路 8 號都會駅商場地下 16 號舖	345
將軍澳景嶺路 8 號都會駅商場 2 樓 039 及 040 號舖	346
大嶼山東涌健東路 1 號映灣園映灣坊地面 1 號舖	295
長洲新興街 107 號地下	326
長洲海傍街 34-5 號地下及閣樓	065

或

大偵探口罩套裝
（包含 10 片口罩及 1 個收納套）

訂閱兒童的科學請在方格內打 ☑ 選擇訂閱版本

凡訂閱教材版 1 年 12 期，可選擇以下 1 份贈品：
☐大偵探 太陽能 + 動能蓄電電筒 或 ☐大偵探口罩套裝

訂閱選擇	原價	訂閱價	取書方法
☐**普通版**（書 半年 6 期）	~~$210~~	$196	郵遞送書
☐**普通版**（書 1 年 12 期）	~~$420~~	$370	郵遞送書
☐**教材版**（書 + 教材 半年 6 期）	~~$540~~	$488	OK便利店 或書報店取書 請參閱前頁的選擇表，填上取書店舖代號→ ☐
☐**教材版**（書 + 教材 半年 6 期）	~~$690~~	$600	郵遞送書
☐**教材版**（書 + 教材 1 年 12 期）	~~$1080~~	$899	OK便利店或書報店取書 請參閱前頁的選擇表，填上取書店舖代號→ ☐
☐**教材版**（書 + 教材 1 年 12 期）	~~$1380~~	$1123	郵遞送書

訂戶資料

月刊只接受最新一期訂閱，請於出版日期前 20 日寄出。例如，想由 9 月號開始訂閱兒童的科學，請於 8 月 10 日前寄出表格。

訂戶姓名：# ______ 性別：______ 年齡：______ 聯絡電話：# ______

電郵：# ______

送貨地址：# ______

您是否同意本公司使用您上述的個人資料，只限用作傳送本公司的書刊資料給您？（有關收集個人資料聲明，請參閱封底裏） # 必須提供

請在選項上打 ☑。 同意☐ 不同意☐ 簽署：______ 日期：______年______月______日

付款方法

請以 ☑ 選擇方法①、②、③、④或⑤

☐ ① 附上劃線支票 HK$ ______（支票抬頭請寫：Rightman Publishing Limited）

銀行名稱：______ 支票號碼：______

☐ ② 將現金 HK$ ______ 存入 Rightman Publishing Limited 之匯豐銀行戶口（戶口號碼：168-114031-001）。
現把銀行存款收據連同訂閱表格一併寄回或電郵至 info@rightman.net。

☐ ③ 用「轉數快」（FPS）電子支付系統，將款項 HK$ ______ 轉數至 Rightman Publishing Limited 的手提電話號碼 63119350，並把轉數通知連同訂閱表格一併寄回、WhatsApp 至 63119350 或電郵至 info@rightman.net。

正文社出版有限公司
Scan me to PayMe
PayMe HSBC

☐ ④ 用香港匯豐銀行「PayMe」手機電子支付系統內選付款後，掃瞄右面 Paycode，輸入所需金額，並在訊息欄上填寫①姓名及②聯絡電話，再按「付款」便完成。付款成功後將交易資料的截圖連本訂閱表格一併寄回；或 WhatsApp 至 63119350；或電郵至 info@rightman.net。

☐ ⑤ 用八達通手機 APP，掃瞄右面八達通 QR Code 後，輸入所需付款金額，並在備註內填寫❶ 姓名及❷ 聯絡電話，再按「付款」便完成。付款成功後將交易資料的截圖連本訂閱表格一併寄回；或 WhatsApp 至 63119350；或電郵至 info@rightman.net。

八達通 Octopus
八達通 App QR Code 付款

如用郵寄，請寄回：**「柴灣祥利街 9 號祥利工業大廈 2 樓 A 室」《匯識教育有限公司》訂閱部收**

收貨日期

本公司收到貨款後，您將於以下日期收到貨品：

- 訂閱兒童的科學：每月 1 日至 5 日
- 選擇「OK便利店 / 書報店取書」訂閱兒童的科學的訂戶，會在訂閱手續完成後兩星期內收到換領券，憑券可於每月出版日期起計之 14 天內，到選定的 OK便利店 / 書報店取書。

填妥上方的郵購表格，連同劃線支票、存款收據、轉數通知或「PayMe」交易資料的截圖，寄回「柴灣祥利街 9 號祥利工業大廈 2 樓 A 室」匯識教育有限公司訂閱部收、WhatsApp 至 63119350 或電郵至 info@rightman.net。

除了寄回表格，也可網上訂閱！

兒童的科學 NO.208

請貼上
HK$2.0郵票
只供香港
讀者使用

香港柴灣祥利街9號
祥利工業大廈2樓A室
兒童的科學 編輯部收

有科學疑問或有意見、
想參加開心禮物屋，
請填妥問卷，寄給我們！

大家可用
電子問卷方式遞交

▼請沿虛線向內摺

請在空格內「✔」出你的選擇。

我購買的版本為：01☐實踐教材版 02☐普通版

*給編輯部的話

*開心禮物屋：我選擇的禮物編號

*我的科學疑難/我的天文問題：

*本刊有機會刊登上述內容以及填寫者的姓名。

請沿實線剪下

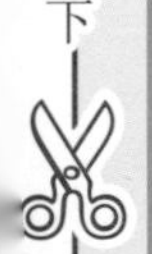

有關今期內容

Q1：今期主題：「微觀世界大搜查」

03☐非常喜歡 04☐喜歡 05☐一般 06☐不喜歡 07☐非常不喜歡

Q2：今期教材：「大偵探顯微鏡」

08☐非常喜歡 09☐喜歡 10☐一般 11☐不喜歡 12☐非常不喜歡

Q3：你覺得今期「大偵探顯微鏡」容易使用嗎？

13☐很容易 14☐容易 15☐一般 16☐困難
17☐很困難（困難之處：＿＿＿＿＿＿＿＿） 18☐沒有教材

Q4：你有做今期的勞作和實驗嗎？

19☐平衡鳥 20☐實驗：薯仔發芽實驗

請沿實線剪下

問　卷

請以膠水封口

讀者檔案

#必須提供

#姓名：　男 女　年齡：　班級：

就讀學校：

#居住地址：

#聯絡電話：

你是否同意，本公司將你上述個人資料，只限用作傳送《兒童的科學》及本公司其他書刊資料給你？（請刪去不適用者）

同意/不同意　簽署：＿＿＿＿＿＿＿＿　日期：＿＿＿＿年＿＿月＿＿日

（有關詳情請查看封底裏之「收集個人資料聲明」）

請以膠水封口

讀者意見

A 科學實踐專輯：誰吃了我的蛋糕？
B 海豚哥哥自然教室：禿鷲
C 科學DIY：平衡鳥不倒之謎
D 科學實驗室：特「薯」調查
E IQ挑戰站
F 大偵探福爾摩斯科學鬥智短篇：替天行道（上）
G 科學電影院：電影多啦A夢 大雄之宇宙小戰爭2021
H 讀者天地
I 誰改變了世界：微生物學之父　列文虎克
J 科學快訊：烏鴉清潔隊出動！
K 科技新知：海水化淡新突破
L 數學偵緝室：海邊之旅
M 天文教室：星空任我行
N 曹博士信箱：為甚麼蜘蛛絲不會黏住蜘蛛，又不易斷？
O 科學Q&A：科學露營

＊請以英文代號回答**Q5**至**Q7**

Q5. 你最喜愛的專欄：

第 1 位 21＿＿＿＿＿＿　第 2 位 22＿＿＿＿＿＿　第 3 位 23＿＿＿＿＿＿

Q6. 你最不感興趣的專欄：24＿＿＿＿＿＿　原因：25＿＿＿＿＿＿

Q7. 你最看不明白的專欄：26＿＿＿＿＿＿　不明白之處：27＿＿＿＿＿＿

Q8. 你從何處購買今期《兒童的科學》？

28□訂閱　29□書店　30□報攤　31□便利店　32□網上書店

33□其他：＿＿＿＿＿＿

Q9. 你有瀏覽過我們網上書店的網頁www.rightman.net嗎？

34□有　35□沒有

Q10. 你在今年書展購買了甚麼？（可選多項）

36□兒童圖書　37□兒童漫畫　38□文具　39□參考書

40□補充練習　41□輔助學習教材　42□電子書　43□玩具精品

44□期刊雜誌　45□其他（請註明）：＿＿＿＿＿＿

46□沒有參觀書展